U0050669

漢方│草本│蔬果

天然萬用皂

超有感！

~~ Handmade Natural Soap ~~

作者序 Preface

接觸手工香皂也有八、九年了，對手工香皂的執著與熱情是我在教學上最大的動力。我喜歡在生活中加入香皂，在香皂中加入生活，香皂中天然的美好顏色，帶給我很多的驚喜！

這一路上遇到很多人，我最感謝社區大學的學員們，時常不斷的給我意見、回饋、感想…等，讓我可以在不斷創新下，發現不一樣的火花。因為有你們的生活歷鍊，有不同想法，和你們一起上課每次都讓我有很多不同感受。也很感謝一路上家人給我的支持，讓我可以很開心的做自己的事。

這本書結合了蔬果、中藥、香草，複方的配方再加上油品與精油，大大提升了香皂的洗感與滋潤度，香皂技巧上可以再進一步，依照自己的想法去做變化！

✚ 證書
- 台北市藝術手工皂協會合格講師
- 台北市台灣手工皂推廣協會合格講師
- 台灣麵包花與紙黏土藝品推展協會黏土捏塑合格講師
- 珠寶黏土設計日本合格證書講師
- 台灣麵包花與紙黏土藝品推展協會甜品黏土認定證
- 台灣麵包花與紙黏土藝品推展協會甜品黏土講師證
- 台灣麵包花與紙黏土藝品推展協會公仔黏土認定證
- 台灣麵包花與紙黏土藝品推展協會多肉黏土認定證

✚ 經歷
- 台北市萬華社區大學手工皂講師
- 文化大學推廣部中和分部暑期夏令營及親子手工皂講師
- 台北國際花卉博覽會社會參與表演活動講師
- 新北市淡水社區大學手工皂講師
- 桃園縣新楊平社區大學手工皂講師
- 桃園縣楊梅市立圖書館天然手工皂 DIY 研習班手工皂講師
- 新北市明志科技大學手創玩藝社保養品講師
- 新北市林口社區大學手工皂講師
- 新北市八里區農會手工香皂研習班活動講師

- 南山人壽桃園八德大信通訊處保養品活動講師
- 國立基隆特殊教育學校教師職業技能研習活動手工皂講師
- 台北市文山社區大學手工香皂講師
- 桃園縣龜山鄉樂齡中心研習活動講師
- 台北市弘道國中教師研習活動手工皂講師
- 文化大學推廣部台中分部手工香皂師資班講師
- 新光人壽台北市台欣通訊處手工香皂活動講師
- 甜蜜果實公關公司敦南觀止社區活動手工香皂講師
- 新光三越百貨公司站前店手工香皂親子 DIY 活動講師
- 新光三越百貨公司天母店玉兔奔月捏塑親子 DIY 活動講師
- 新北市萬里地區低碳推廣中心萬里國小手工香皂研習活動講師
- 扶輪社手工香皂活動手工香皂活動講師
- 樂生療養院員工研習活動手工香皂講師
- 新北市立新北特殊教育學校教師研習活動手工香皂講師
- 新北市林口長庚醫院新村社區活動手工香皂講師
- 新北市淡水漁會手作活動研習指導手作講師
- 中國信託二重埔簡易分行保養品活動 DIY 講師
- 宏普建設有逸天手作活動 DIY 活動講師
- 新北市淡水區地政事務所手工香皂活動講師
- 新北市八里區十三行博物館手工香皂活動講師
- 台北市民生國中社團活動手作老師
- 台電北西營業處手工香皂社團講師
- 新北市永佳樂電視台「希望好所在」節目專訪
- 華威廣告富宇敦峰建商手作活動 DIY 活動講師
- 2010~『PIANO'S CAT 天然手工香皂』創辦人及個人工作室

＋ 著作
- 2013 年〈環保健康蔬果手工皂〉
- 2014 年〈環保健康中藥手工皂〉
- 2016 年〈環保健康珍貴漢方手工皂〉

＋ 比賽
- 2014 年北部地區漁村婦女技藝培育推廣教育教學示範競賽第一名

讓人用得安心、洗得開心的手工皂

一般外面市售的香皂是採用「熱製法」，製造成本很低，是以高溫方式與油和鹼反應，加壓入模型，放置陰乾約一週即可使用，但在過程中所生成的甘油一般都被工廠抽取出來，因此製作出的香皂僅有洗淨力，再放入大量的人工香精、防腐劑、起泡劑…等物質。

手工香皂採用「冷製法」低溫製作，保存了天然甘油在香皂裡，添加了精油、植物粉，且每塊香皂必須放置一個月以上的時間陰乾。在使用上皮膚不易感到乾燥，甚至有保濕的作用，對於過敏性肌膚或是冬季癢有顯著的抑制效果。

關於蔬果、中藥、香草入皂，第一個想法是想讓天然的功效、顏色利用手工香皂來表達出來。蔬果是每個家庭都很好取得的東西，有時蔬果可能買太多吃不完，放久了也壞了……最後的命運就是丟進垃圾桶裡，何不把多餘的蔬果拿來入皂呢？蔬果入皂，會帶來許多的驚喜與歡喜，不光是在功效上，顏色變化也是特別的有趣。例如：辣椒——呈現出橘紅色，在冬天洗淨時，會有暖暖的感覺；薑黃——呈現出黃色，有保暖、抗發炎、通血舒暢之效；木瓜——含酵素、有促進新陳代謝和抗衰老的作用，還有美容養顏的功效。蔬果入皂帶給我們天然最美的色彩，但因為天然，約 3 ～ 4 個月後顏色就會褪去，不過，香皂本身還是可以正常用的喔！

中藥是中國傳承了幾千年的東西，對我們而言不陌生，來源以植物性藥材居多，使用也最普遍。我喜歡尋找中藥入皂，是因為中藥對過敏性肌膚的抑制很有效果，這幾年都在中藥、草藥上鑽研，並將特性與效果都記錄下來。例如：板藍根——有抗菌、提高免疫的功能；紫草——製作出的香皂是紫藍色、灰色，對於濕疹、抗菌的效果都不錯；蛇床子——對肌膚有止癢的效果，殺菌的功能。至於中藥皂的顏色，大部分屬大地色系較多，顏色也會褪，但不會褪得飛快。

香草有時也為稱藥草，是會散發出獨特香味的植物，通常也有調味、製作香料或萃取精油等功用，其中很多也具備藥用價值。雖然一般所謂的香草主要是指取自綠色植物的葉的部份，但包括花、果實、種子、樹皮、根等，植物的各個部位都有可能入皂。例如：洋甘菊——有安定神經、助眠的效果；金盞花——對過敏肌膚有止癢的效果；薰衣草——有鎮靜、舒緩的效果。香草皂的天然色系則大部分屬耐看舒心的綠色系為主。

喜愛手工皂的人，對於**洗感**特別重視，是否滋潤、保濕、乾澀等。再來就是味道，花香味、果香味、木質味等，因為味道是非常主觀的感受，因此也是消費者決定是否使用的主要因素之一。會喜歡手工香皂的人，通常都是因為肌膚狀況不佳，才會使用。使用後才會慢慢發現「它」的好，對皮膚好、對自然環境也好，也讓我們遠離了許多的化學物質，久而久之，一定會想要動手做出專屬自己的皂款！手工皂的主要功能是清潔與保護肌膚，提供給肌膚一個健康的環境。但有些人希望「手工皂」可以帶來"顯著"的保濕、滋潤、美白、療癒等功效，但往往因效果不如預期而失望，但其實在追求功效之前，最重要的核心概念是：**有好的清潔才會有好的肌膚。**

動手製作手工皂並不難，首先需了解基本油品、添加物、計算配方以及各種肌膚特性（像是異位性皮膚炎、脂漏性皮膚炎、蕁麻疹、乾癬等），才可以製作出符合自己或家人朋友的專屬皂款。而不管是蔬果、中藥漢方、草本都是我向來製作手工皂時喜愛搭配使用的材料，希望也開始製作手工皂的讀者能嘗試看看，用天然的蔬果、中藥、香草，找到符合自己需求的手工香皂，製作出好洗、好看，照顧全家人的獨特皂方。

目 錄 CONTENTS

目 錄 CONTENTS

PART 1

DIY 手工皂的 基礎教室

DIY HANDMADE
SOAP BASIC CLASSROOM

　　首先，製作手工皂要從工具、油品、添加物和精油說起。工具看似簡單，若要做出品質好的手工皂，最基本的條件就要有完整的工具，再來是「原料」，每家化工行或原料行所賣的原料都不太一樣，都要經測試後才知道效果，因此一定要將測試資料都寫下來。添加物方面，可以加入蔬果、中藥漢方、花草等，或是加入粉類調色，變化不同的花樣。利用這本書來瞭解更多關於手工皂的製作與注意細節吧！

常見的
製皂方法

1　冷製皂（CP皂）

以油脂混合氫氧化鈉及水所製成的皂，完成後的成品稱為「冷製皂」或英文 Cold Process 縮寫稱「CP皂」，至少需放置四個星期以上，等皂的鹼度下降、成熟後方能使用。製作過程中，溫度不會高於 50 度，入模後會有等待熟成期。冷製皂又細分：浮水皂。

2　熱製皂（HP皂）

如果等不及四個星期以上才能使用，可用熱製法來操作，完成後的成品稱為「熱製皂」或英文 Hot Process 縮寫稱「HP皂」。將未入模的冷製皂加熱，藉由外加的溫度加速皂化反應速度，所以做好的皂可立即使用。

製作過程中，溫度會高於 80 ～ 90 度，入模後等待時間約 2 個星期或不需等待即可使用。熱製皂又細分：融化再製法（皂基）、液態皂、液態鈉皂、再生皂和霜皂。

製皂工具

製作香皂的工具和製作烘焙的工具大同小異，不同之處在於一個製作出來的
是日常清潔的手工皂，另一個則是美味可口的美食。在此建議，製作香皂的
工具與食用的工具請勿混用，因為在製皂時會使用到氫氧化鈉，也就是「強
鹼」，如果清洗不當又不小心用於烹調食用，對健康都是件不好的事哦！

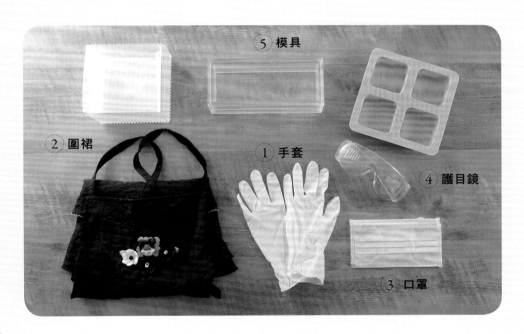

1. **手套**：處理氫氧化鈉材料時的防護用具。
2. **圍裙**：處理氫氧化鈉材料時的防護用具。
3. **口罩**：處理氫氧化鈉材料時的防護用具。
4. **護目鏡**：處理氫氧化鈉材料時的防護用具。
5. **模具**：可使用矽膠模具、壓克力模具等，依個人喜好選擇。

1 不鏽鋼鍋

2 量杯

4 電子秤

5 鋼杯

9 攪拌器

10 電動攪拌器

11 保溫袋

3 電磁爐

6 溫度計
2 支
7 長柄匙

8 刮刀

(1) **不鏽鋼鍋**：可裝入油脂、鹼水混合物的容器。

TIPS　➕ 要特別注意，一定要使用不鏽鋼鍋，若使用
鋁鍋，會因氫氧化鈉碰上鋁後，釋放出易燃
性的氫氣。

(2) **量杯**：500ml 及 30ml。500ml 的量杯可裝入純水使
用。30ml 的量杯可放入精油使用。

(3) **電磁爐**：加溫使用。有時在配方上會加入脂類，就
需要加溫融化。

(4) **電子秤**：為了要精確的測量油脂、氫氧化鈉與水的
重量，最好可以使用 3kg ～ 5kg 的電子秤。

(5) **鋼杯**：盛裝氫氧化鈉的容器。

(6) **溫度計 2 支**：各別用來測量鹼水與油脂的溫度。

(7) **長柄匙**：不鏽鋼材質，用來攪拌混合氫氧化鈉與水
時使用的工具。

(8) **刮刀**：不鏽鋼鍋裡的皂液倒入模型後，可將皂液刮
乾淨。

(9) **攪拌器**：用來攪拌混合油脂與鹼水。

(10) **電動攪拌器**：用來攪拌混合油脂與鹼水。

(11) **保溫袋（箱）**：手工皂製作完成後，需進行保溫讓
皂化完成。故需準備一個保溫袋，袋子的大小以能
放入所用的模具尺寸為主即可。

認識製皂材料

手工皂的製作，簡單來說是「鹼＋水＋油」經過混合產生的化學反應。
「皂」、「油」、「鹼」的三角關係，
可以從油脂特色、油脂脂肪酸、油脂皂化價來一一說明。

第一元素：氫氧化鈉（NaOH）／氫氧化鉀 （KOH）

氫氧化鈉俗稱**燒鹼、火鹼、苛性鈉**，化學式為 NaOH。

氫氧化鈉是一種重要且常用的**強鹼性化工原料**，常溫下為白色晶體。常用的氫氧化鈉大都是將海鹽電解分離後取得，是製造肥皂的重要原料之一。當油脂加入比例合適的氫氧化鈉溶液，混合後會反應成「固體肥皂」，其反應在學術上稱做「水解」（Hydrolysis）的原理。而這一類在氫氧化鈉催化下的酯水解稱為「皂化反應」。因此，氫氧化鈉是製皂過程中很重要的原料。

市面上的氫氧化鈉可分為三種，一種是已溶成液體的氫氧化鈉，或稱「液鹼」。另一種是固體的氫氧化鈉，又稱為「固鹼」，而固鹼又常以片狀或顆粒狀呈現，通常稱為「片鹼」或「粒鹼」。

氫氧化鉀俗稱「苛性鉀」，化學是為 KOH。具有強烈腐蝕性，可溶於水和醇，尤其溶於水時要特別小心，會放出大量的熱氣。在空氣中極易吸濕而潮解，高於熔點又容易升華。固體的氫氧化鉀為白色結晶，常見形狀為塊狀、小顆粒狀和片狀。

第二要素：水分

　　水量的多寡沒有一定的固定值，在更熟練後可以依個人的製皂經驗判斷！

　　若水量多一些，製造出的皂就會比較軟，乾燥後收縮的情形會比較明顯。水量少一些，則是相反。所以當**軟油**※ 多時，水量就要少；**硬油**※ 多時，水量就要多，但製皂時的添加物、精油、香精和氣溫等也要列入考量。

　　要拿捏好水量並不是容易的事，如果很難理解，建議在水量 2 ～ 2.5 倍間做選擇，對新手來說會比較好入門哦！

※ 軟油是一年四季中，不管溫度多高多低，都呈現液態狀的油脂，就稱為「軟油」。
※ 硬油是指在常溫 20 度以下，呈現固態狀的油脂，就稱為「硬油」。

第三元素：油脂

　　製作手工皂時，最在意的就是「油脂品質」，好的油脂製作出來的手工皂就是乾淨潔白、成品不油膩也不會有油耗味，即使不放精油，也可以聞到油脂的純淨氣味。

油脂脂肪酸的介紹

■ **飽和脂肪酸**　　　結構上沒有雙鍵的脂肪或脂肪酸鏈，長鏈飽和脂肪
酸性質穩定，且脂肪酸的飽和程度越高，碳鏈越
長，燃點越高，而動物性食物中以長鏈飽和脂肪酸
為主，所以常溫下呈固態。

■ **不飽和脂肪酸**　　　至少含有一個雙鍵的脂肪或脂肪酸鏈。當雙鍵形成
時，一對氫原子會被消除，因而與碳原子相結合的
氫原子未達到最大值，即「不飽和」。

■ **單元不飽和脂肪酸**　　脂肪酸中如果只有一個雙鍵，則稱為單元不飽和脂
肪，包含油酸，單元不飽和脂肪酸相對穩定，也有
利於預防心血管疾病。

■ **多元不飽和脂肪酸**　　含有兩個雙鍵以上的則稱為多元不飽和脂肪，包含
亞油酸、亞麻油酸和花生四烯酸。

■ **三酸甘油脂**　　　由三個脂肪酸分子與一個甘油分子酯化組成的化合
物，它是由碳水化合物合成並貯存於動物脂肪細胞
內的中性脂肪。

手工皂用油特性及皂化價一覽表

油脂	特性	NaOH 氫氧化鈉	KOH 氫氧化鉀	INS	建議用量
椰子油 Coconut Oil 「飽和脂肪酸類」	分子結構輕，溶解度高，能在短時間內製造許多肥皂泡沫，起泡力佳、洗淨力強，是製作手工皂時不可或缺的油品之一。富含飽和脂肪酸，可以做出顏色雪白、質地堅硬的手工皂，天氣冷時會呈現冬化現象（夏天為液狀，冬天則凝結成固態）。	0.19	0.266	258	15～35%
棕櫚油 Palm Oil 「飽和脂肪酸類」	對皮膚溫和且質地堅硬。因為沒有什麼泡沫，一般都混合椰子油使用。天氣冷時會呈現冬化現象（夏天為液狀，冬天則凝結成固態）。	0.141	0.197	145	10～60%
橄欖油 Olive Oil 「單元不飽和脂肪酸類」	屬於軟性油脂。富含維他命和礦物質，擁有豐潤細膩的泡沫，保濕力強、滋潤度高，能賦予肌膚修復彈性的功能，特別能改善老化或問題肌膚。	0.134	0.1876	109	可達100% 使用
白油 Vegetable Shortening 「飽和脂肪酸類」	俗稱化學豬油或氫化油，以大豆等植物提煉而成，呈固體奶油狀，可以製造出很厚實且硬度很夠、溫和和泡沫穩定的手工皂。	0.136	0.1904	115	10～20%
蓖麻油 Castor Oil 「單元不飽和脂肪酸類」	蓖麻油黏性很高，具有緩和、潤滑和保濕肌膚，尤其對髮膚有特別柔軟作用，是製作洗髮皂的必需油品。成皂後的皂體具有透明感，且能洗出許多泡泡。	0.1286	0.18004	95	5～20%
甜杏仁油 Sweet Almond Oil 「單元不飽和脂肪酸類」	具有高保濕力和消炎的效果，對乾性、皺紋、粉刺、過敏、紅腫、發癢等敏感性肌膚均有不錯的功效，連嬰兒嬌嫩的皮膚也適用。保存期短，要儘早使用。	0.136	0.1904	97	15～30%
酪梨油 Avocado Oil 「單元不飽和脂肪酸類」	是製作「不過敏香皂」與「嬰幼兒皂」 推崇的油品材料之一。營養價值相當高，且質地較重，可滲入肌膚深層，滋潤、抗皺與保濕，適用於乾性、敏感性和缺乏水分的肌膚。 據説，酪梨油和迷迭香油搭配使用，可以刺激毛髮生長。	0.133	0.1862	99	10～30%
開心果油 Pistachio Nut Oil 「單元不飽和脂肪酸類」	從開心果仁中壓榨取得，富含維生素E、大量不飽和脂肪酸，不但抗老化，對皮膚的軟化有顯著的效果，還具有防曬的功用。此外，質地清爽不油膩，很適合製作洗髮皂，可以保護髮絲。	0.1328	0.18592	92	10～35%

油脂	特性	NaOH 氫氧化鈉	KOH 氫氧化鉀	INS	建議用量
苦茶油 Oiltea Camellia Oil「單元不飽和脂肪酸類」	素有東方液體黃金之稱的「苦茶油」，其營養價值高於橄欖油，不僅養生又能保健，就連清宮美容教主慈禧太后也視苦茶油為精品，用在護膚保健上，成為後宮中的珍藏聖品。	0.136	0.1904	108	可達100%使用
山茶花油（椿油）Camellia Oil「單元不飽和脂肪酸類」	自古以來，椿油為日本的保養聖品。用來擦臉部或身體，可以防止皺紋產生，使肌膚光滑細緻。抹在頭髮上，不僅可以滋潤、保護秀髮，還可以增強頭皮的新陳代謝，減少頭皮屑的生成，並預防掉髮或白髮。	0.1362	0.19068	108	可達100%使用
黃金荷荷芭油 Jojoba Oil「液態蠟」	是一種很好的滋潤與保濕的液態蠟，可以維持肌膚水分、預防皺紋，也常用於臉部與身體的按摩以及護髮。	0.069	0.966	11	5%～super fatting
杏桃仁油 Apricot Kernel Oil「單元不飽和脂肪酸類」	油感細緻、清爽，含有滋養、修復肌膚的成分，對熟齡、敏感、老化的肌膚相當有幫助。	0.135	0.189	91	15～30%
大麻籽油 Hemp seed Oil「多元不飽和脂肪酸類」	顏色類似深色橄欖油，品嚐起來像是向日葵油。可以用來替代沙拉油調味，不過因含有亞麻油酸，最好不要加熱烹調。	0.1345	0.1883	39	5%～super fatting
榛果油 Hazelnut Oil「單元不飽和脂肪酸類」	油質清爽，延展性和滲透力佳，能夠輕易滲透皮膚表層而不會形成明顯的油膜，很適合直接當成按摩油或基底油使用，或是添加在乳液、護手霜、防曬油、護唇膏之中。 在手工皂的應用上，很適合與小麥胚芽油、甜杏仁油或澳州胡桃油搭配使用。	0.1356	0.18984	94	15～30%
玫瑰果油 Rosehip Oil「多元不飽和脂肪酸類」	具有美白、保濕、抗皺、抗痘和除疤多重效果，適用於一般性肌膚與老化肌膚，對於妊娠紋也有不錯的功效。	0.1378	0.19292	16	5%～super fatting
澳洲胡桃油（澳洲堅果油）Macadamia Nut Oil「單元不飽和脂肪酸類」	油性溫和不刺激，且滲透性佳，對於各種精油的溶解度高，可滋潤保濕肌膚。在製作護膚乳液時也適合添加，來增加潤滑和滋養度。	0.139	0.1946	119	15～30%

油脂	特性	NaOH 氫氧化鈉	KOH 氫氧化鉀	INS	建議用量
米糠油（玄米油）Refined Rice Bran Oil「單元不飽和脂肪酸類」	起泡性相當不錯，若適當的搭配其他脂肪酸，能夠改善、軟化皮膚，使用時可以得到清爽柔滑的舒適感。具有保濕的功能，能有效防止肌膚乾燥，延緩肌膚老化，強化肌膚抵抗力。	0.128	0.1792	70	10～20%
紅花油 Safflower Oil「多元不飽和脂肪酸類」	有豐富的必需脂肪酸，許多皮膚的療程中都有良好效果。這種油含有大量的多元不飽和脂肪酸，對於肌膚的溼疹和粗糙的皮膚有很好的幫助。	0.136	0.1904	47	10%～20%
月見草油 Evening Primrose Oil「多元不飽和脂肪酸類」	又被稱為國王的萬靈藥，含丙種亞麻油酸、維他命、礦物質和煙鹼等，最能改善乾癬和濕疹，也可以防止肌膚老化。使用量只要一點（10%即可）就相當有效。屬於軟性油脂，起泡力低。	0.1357	0.18998	30	5%～super fatting
小麥胚芽油 Wheat germ Oil「多元不飽和脂肪酸類」	含有抗氧化劑，可以促進新陳代謝，預防老化。同時，也含有脂肪酸，能夠促進肌膚再生，對乾性、黑斑、濕疹、疤痕和妊娠紋等，都有滋養之效。	0.131	0.1834	58	5～10%
琉璃苣籽油 Borage Oil「多元不飽和脂肪酸類」	具有潤滑和滋養乾性與敏感性肌膚的功能，也能夠淨化和平衡混合性和疲乏的肌膚，也可以使頭髮有光澤。由於有再生和強化的特性，因此琉璃苣籽油也被添加在抗老、除皺的護膚產品中，用來抵抗肌膚缺乏水分、彈性的現象。	0.1357	0.18998	50	5%～super fatting
櫻桃籽油 Cherry kernel Oil「單元不飽和脂肪酸類」	從各種種類的酸櫻桃果核中壓榨而成的油。可軟化肌膚，且提供給頭髮高度的光澤感。	0.135	0.19	62	10～20%
芝麻油 Sesame Oil「多元不飽和脂肪酸類」	在化妝品應用上，芝麻油常用來加入美髮劑、洗髮精、肥皂和乳液等。尤其與橄欖油混合，還可以對抗頭皮屑。	0.133	0.1862	81	10～30%

油脂	特性	NaOH 氫氧化鈉	KOH 氫氧化鉀	INS	建議用量
黑種草油 Nigella sativa Oil 「多元不飽和脂肪酸類」	含有豐富的不飽和脂肪酸。亞麻仁油酸是它的主要成分，其籽能製成消化劑。對皮膚而言，黑種草油可作為去角質或除死皮的基底油。黑種草油雖然有很大的效用，但和苦楝油一樣，要讓生油味道變甜，需要更多的調油技巧。	0.139	0.195	62	5%～super fatting
沙棘油 Hippophae rhamnoides Oil 「單元不飽和脂肪酸類」	維生素C含量高，號稱「果蔬汁之王」，具有美白肌膚的功效。	0.138	0.194	47	5%～super fatting
苦楝油 Neem Oil 「多元不飽和脂肪酸類」	據說有助於止癢、利尿、提神、防書蟲、空氣清新劑等。苦楝油的特殊氣味，讓很多人無法接受，但卻在醫療上有很大的幫助。可防止皮膚凍裂及可治皮膚病。	0.1387	0.19418	124	10～20%
卡蘭賈油 Karanja Oil 「單元不飽和脂肪酸類」	卡蘭賈油有優異的抗菌與驅蟲的功效，是阿育吠陀醫典中重要的醫療用油，可以與苦楝油同時使用，也可單獨使用。卡蘭賈油也常用於寵物用品中，與苦楝油搭配使用，作為寵物清潔用品的配方，可以有效讓寵物遠離跳蚤、壁蝨等害蟲的侵擾。用於皮膚護理方面，對受損與發炎的肌膚特別有益。	0.1387	0.19418	124	10～20%
乳油木果油 Shea Oil 「單元不飽和脂肪酸類」	主要用於化妝品行業的皮膚及頭髮相關產品。它對於皮膚乾燥的人來說是一種很好的潤膚膏，雖然沒有證據表明它能治癒，但它能緩和跟緊繃有關的疼痛與發癢。乳油木果油一般作為基礎用油，和其他成分混合使用。	0.183	0.2562	107	10～20%
月桂果油 Laurus Nobilis Fruit Oil 「單元不飽和脂肪酸類」	是製成阿勒坡古皂不可缺的油品，其獨特的濃厚藥草香迷倒很多人，且可以製作出天然的綠色，非常討人歡喜。月桂果油中含有27%的月桂酸，而月桂酸在椰子油裡含有45%，是椰子油的主要脂肪酸，它的主要功能是清潔、提供硬度和起泡力，也就是說月桂果油含有椰子油大約一半的清潔力。	0.183	0.2562	107	10～20%

各脂類特性及皂化價一覽表

油脂	特性	NaOH 氫氧 化鈉	KOH 氫氧 化鉀	INS	建議 用量
乳油木果脂 Shea Butter 「飽和脂肪酸類」	由非洲乳油木樹果實中的果仁所萃取提煉，富含維他命群，可提高保濕滋潤度，以及調整皮脂分泌。常態下呈固體奶油質感，做出來的皂質地溫和且較硬。	0.128	0.1792	116	15%
可可脂 Cocoa Oil 「飽和脂肪酸類」	可可脂會在肌膚表面形成保護膜，鎖住表層水分，維持肌膚的飽水度；其分子結構較大，皮膚不易吸收，最好搭配橄欖油、蓖麻油等較容易被肌膚吸收的滋潤油。添加在手工皂中，可提高手工皂的硬度。	0.137	0.1918	157	15%
橄欖脂 Olive Butter 「飽和脂肪酸類」	與橄欖油一樣都是由橄欖壓榨而成的油脂，含有豐富的維生素A、B、D、E和K，以及多鍵亞油酸、亞麻酸等，易被人體皮膚吸收。	0.134	0.1876	116	15%
松香脂 Rosin 「飽和脂肪酸類」	屬硬性油脂。用來製作手工皂，泡沫綿密蓬鬆，去污清潔力強，具有黏性，皂款不易崩裂和變質。	0.128	0.179	182	5%
芒果脂 Mango Butter 「飽和脂肪酸類」	取自芒果果核的黃色油脂，具有良好的保濕效果，還能有效抵禦紫外線，保護肌膚不被曬傷，且預防皮膚乾燥與皺紋的生成。其堅硬的特性，相當適合用在調整護唇膏、乳液，以及皂過軟或過黏的問題。	0.1371	0.192	146	15%
蜜蠟 Beeswax 「飽和脂肪酸類」	又稱「蜂蠟」，是蜜蜂體內分泌物的脂肪性物質，可用來修築蜂巢。製皂時可加入少許（6%以內）蜜蠟，增加香味與硬度，延長皂的保存期。	0.069	0.0966	84	2%～5%

3 步驟調出專屬配方

冷製皂的優點，就是可以依個人的肌膚狀況設計出專屬的手工皂。設計配方前，要先瞭解一般製皂時配方中材料用量的計算，在公式計算上其實並不會太困難，只要想好要製作手工皂的配方，再設定要做的總油重，接著就可以開始計算了！

1 計算配方

先設定要製作手工皂的總油重，配方記錄在筆記本上。

假設總油重：500g（公克）

2 油脂計算

總油重 × 油脂比例 = 該油品的重量

椰子油 25% → 500g × 0.25 = 125g

棕櫚油 25% → 500g × 0.25 = 125g

橄欖油 50% → 500g × 0.5 = 250g

3 鹼量計算

該油品的重量 × 該油品的皂化價 = 該油品所需的鹼量

該油品所需的鹼量算出後，將該油品的鹼量加總起來就會是鹼的總量

椰子油 → 125g × 0.19 = 23.75g

棕櫚油 → 125g × 0.141 = 17.625g

橄欖油 → 250g × 0.134 = 33.5g

鹼量加總 → 23.75 + 17.625 + 33.5 = 74.875g → 75g

（小數點第一位 ≥ 5，請四捨五入）

4　水量計算

鹼量 ×2.5 倍＝水量

75g ×2.5 ＝ 187.5g → 188g（小數點第一位 ≧ 5，請四捨五入）

5　INS 值計算

該油的 INS 值 × 油脂比例＝該油所需的 INS 值

該油品所需的 INS 值算出後，將該油品的 INS 值加總起來就會是 INS 值總值

椰子油　→　258×0.25 ＝ 64.5

棕櫚油　→　145×0.25 ＝ 36.25

橄欖油　→　109×0.5 ＝ 54.5

INS 值加總　→　64.5 ＋ 36.25 ＋ 54.5 ＝ 155.25

專有名詞說明：皂化價及 INS 值

· 皂化價：為皂化 1 克的油脂所需要鹼（指的是香皂常用的氫氧化鈉）的克數。

· 硬度值（INS）：「硬度值」不是絕對值而是參考值，是沒有一個絕對範圍的規範，一般冷製皂僅拿它作為調製配方的一個參考數據。香皂的硬度與添加的水分或其他添加物有很大的關係，因此，「硬度值」只能說在扣除水分及添加物的條件下，不同油脂配方製成的香皂，在相同的濕度環境和時間下，皂體吸取空氣中的水分後易於融化變軟的程度。

PART 2

安心添加，製皂神奇的妙用

以溫和的漢方藥材、帶著芳香的香草植物以及餐桌上的蔬果食材入皂，不但可以提升洗感，還能增加滋潤度，為製皂過程中增添豐富的創意樂趣。

古籍漢方浸泡油，
萃取精華散發療癒的魔法

把香草、中藥和蔬果浸泡在植物油裡，
使香草、中藥、蔬果的成分溶出植物油中，
就稱為「浸泡油」。

製作浸泡油的方法

方法一：冷浸法

在常溫下進行，當成分可在常溫中溶出時，就可用此法。

1. 先將要浸泡用的乾燥蔬果、中藥和花草放入玻璃容器中約 1／3。

2. 植物油倒入容器中（一定要蓋過乾燥材料）。

3. 蓋緊容器，輕輕搖晃均勻。

4. 在容器上用標籤貼紙註明日期、油品和浸泡物名稱。

5. 浸泡油請進行兩週的『光合作用』。早上太陽出現時，將浸泡油拿到有陽光處，讓太陽的熱將浸泡物的成分萃取在植物油裡。晚上記得要拿進屋子裡，並均勻搖晃容器。

6. 兩週『光合作用』結束後，請準備另一個玻璃容器及新的乾燥蔬果、中藥、花草。

⑦　請先將新的玻璃容器放入新的浸泡物，再把先前已進行『光合作用』的舊容器浸泡物過濾，剩下植物油。把過濾好的植物油倒入新的玻璃容器中（過濾的浸泡物已不需要，可丟棄）。

⑧　蓋緊容器，輕輕搖晃均勻。在容器上用標籤貼紙註明日期、油品和浸泡物名稱。

⑨　放在家裡的通風陰涼處，約 60 天即完成。

方法二：溫浸法

加熱進行的溫浸法，若想萃取的成分主要是精油，就可用此方法。

①　將浸泡物放入碗中，將植物油倒入過浸泡物。

②　再取另一個較大的鍋子，裝水煮沸，放進步驟 1 隔水加熱，用小火加熱約 30 分鐘，請不時地用湯匙攪拌一下。

③　從鍋子取出後，將裡面的浸泡物過濾。

④　最後將浸泡好的植物油裝入玻璃容器中。

✚ 各浸泡油介紹

浸泡油	特徵
聖約翰草油（又名：金絲桃油）St.John Oil	紅色的油品，將花苞放在油中浸漬過濾而成，有淡淡的草味。可消除緊張情緒，並促進血液及淋巴液循環，幫助消除肝毒、放鬆緊繃肌肉、緩和靜脈曲張、止痛、抗發炎；也能改善輕微燙傷、曬傷、割傷、蚊蟲咬傷等等，只要 10 ～ 50% 的劑量。
金盞花油Calendula	以乾燥金盞花浸泡而成，其中的亞油酸和胡蘿蔔素含量豐富，能調理敏感性肌膚，具舒緩、消腫、抗菌和消炎等功效。另外，對青春痘、皮膚凍傷、皮膚病、疤痕、靜脈曲張以及擦傷都有特別效用。
山金車油Arnica Montana	擁有卓越的舒緩功效，也可以預防黑眼圈；用於肌膚保養方面，山金車油常用來添加在腿部護理用品中，可舒緩長時間運動所造成的不適。

新鮮蔬果，
美麗的色彩魔法

美麗的新鮮蔬果是可以入皂的，
但有些蔬果入皂後，遇到氫氧化鈉顏色會被破壞，
要特別注意。

　　因為是天然的蔬果顏色，手工皂的顏色是會褪色的哦！尤其是酸性蔬果，如檸檬、橘子、李子和柳丁等，可以加入果皮入皂，但肉或汁液，千萬不要加入太多，以免造成手工皂酸敗。

新鮮蔬果的萃取方法

一、粉　劑

　　像柑橘類的水果，可以將果皮曬乾後，用磨粉機磨成粉末狀。

二、酊　劑

　　參加聚會時的水果酒或是自釀的百香果酒、草莓酒等，這些水果酒就是所謂的『酊劑』。可以用伏特加、高粱等酒精濃度高的酒來製作『酊劑』。
做法：

1　將浸泡物放入玻璃容器中。

2　加入伏特加或高粱，份量要蓋過浸泡物。

③ 蓋緊容器，輕輕搖晃均勻。在容器上用標籤貼紙註明日期、酒類和浸泡
　物名稱。

④ 存放在陰涼處，約兩週。

⑤ 兩週後將浸泡物過濾，濾出的液體就是「酊劑」，將酊劑放入玻璃容器
　中即可。

三、蔬果汁

　　任何的新鮮蔬果都可以用果汁機打成果汁，倒入冰塊盒中放入冷凍保
存。

草本植花，美麗再生

　　臺灣現在有很多小農種植有機香草及有機花草，品質上都很好，非常適合泡花茶與入皂。所謂的香草，主要是指取自綠色植物葉的部分，但包括花、果實、種子、樹皮和根等，植物的各個部位都有可能入藥。香草有時也稱為藥草，因會散發出獨特的香味，常用於調味、做成香料或萃取精油等，具有藥用價值。

　　「新鮮花草」無法入皂是因其含有水分，入皂後容易讓皂酸敗且無法保存，所以將新鮮花草製成乾燥花草，才有辦法入皂。幾乎所有的乾燥花草入皂後，會因氫氧化鈉作用而變成較不討喜的咖啡色。然而，「金盞花」是唯一不會被氫氧化鈉破壞顏色的花，其金黃色澤非常受到大家喜愛。

如何讓新鮮花草做成乾燥花草呢？

一、自然風乾法

用麻繩捆成一捆，倒掛在陰涼處風乾，約 1 ～ 2 週就可以完成。

二、燈光照射法

放在鐵架上，距離約 20 公分，用白熱燈連續照射 3 ～ 4 小時。如果是要取花瓣、葉片的香草植物都適用此方法。

三、烤箱烘乾法

先將烤箱預熱至 150℃ 約 20 分鐘，將香草植物放入烤箱中，烤約 30 ～ 50 分鐘，門不用關。或是以 100℃ 預熱 20 分鐘後，將烤溫調降至 60 ～ 70℃，烘烤約 1 小時。

四、微波乾燥

香草放在白紙上，用低
溫加熱，每 2 分鐘要換
一張紙，重複 3～4 次
即可。

自製純露水萃取的應用

　　純露，指的是精油在蒸餾萃取過程中，會分離出一種 100% 飽和的蒸餾原液，屬於精油的一種副產品，其成分天然純淨，香味清淡怡人且不刺鼻。

　　在蒸餾萃取過程中油水會分離，因密度不同，精油會漂浮在上面，水分則沉澱在下面，這些水分就稱「純露」，除了含有少量精油成分之外，還含有全部植物體內的水溶性物質。

　　其低濃度的特性容易被皮膚所吸收，完全無香精及酒精成分，溫和不刺激，純露可以當做化妝水每天使用，亦可替代純水調製各種面膜等保養品。

如何製作純露？

① 準備一個鍋子及一個過篩或蒸盤，其大小必須是可以放進鍋子裡的，再準備一個隔離盤。

② 把蒸盤或過篩的及隔離盤放入鍋子裡。

③ 把喜愛的花草（新鮮或乾燥的都可）放進去，純水也放入。花草及水的比例是 1：4。

④ 再準備一個杯子容器，放入在蒸盤或過篩的中間。蒸餾的過程中，純露會集中在杯子裡。

⑤ 玻璃鍋蓋請綁上一條棉線，有助於收集蒸餾的純露。

⑥ 將玻璃鍋蓋反蓋上，記得棉線要在杯子裡喔！

⑦　開大火約2～3分鐘，小心花草不要燒焦。再轉小火，鍋蓋上可放些冰塊，以利收集。

⑧　注意水量及火候，煮到水量被吸收為止，即可關火。

⑨　冷卻後，取出純露入瓶。

　　以上是用最簡單的方式製作純露，也可以去購買純露機，製作出屬於自己味道的純露。

手工皂的幸福調色

　　手工皂的調色可以讓人們感到愉悅與心情開朗，或許是因為顏色可以帶來不同的色彩換來美麗的變化。一般我們會用礦泥粉、花草粉、中藥粉去調出顏色，這些粉類都是屬比較天然的色粉，所以調配出來的顏色會偏暗系列。喜歡明亮的顏色，就可以用珠光粉、雲母粉等色粉，調配出很亮麗的顏色，且不會褪色喔！

　　手工香皂在調色的世界裡，是比較複雜些，因為碰到了氫氧化鈉，有很多天然的顏色都會在瞬間變色。在調配色彩的過程中，可以增加自己的色彩敏銳度。

礦泥粉

粉紅石泥 （Pink Clay）	可令皂呈粉紅色。具有保濕作用，適合各種膚質，特別是乾性和敏感肌。
哈娑土 （Rhassoul Clay）	可令皂呈灰色。含有大量的微量礦物質，可清除毛孔深處的汙垢和過剩的皮脂，恢復皮膚亮澤。
紅石泥 （Red Clay）	可令皂呈紅色。富含礦物質，能促使皮膚恢復光澤。
蒙特石泥 （Montmoillonite Clay）	可令皂呈現灰色。有效清除毛孔汙垢。
綠石泥 （Green Clay）	可令皂呈綠色。是一種吸附力最強的礦泥，有去角質和深層清潔的功效，適用於油性和面皰肌膚。
黑石泥 （Black Clay）	可令皂呈灰黑色。含有豐富的鐵和氧化氧，特別有助於滋養皮膚。

藍石泥 （Blue Clay）	可令皂呈淺灰色。含有豐富的天然礦物質，對於油性肌膚特別有用，可吸出不好的雜質，使毛細孔清爽乾淨。
黃石泥 （Yellow Clay）	可令皂呈黃色。具有極佳的收斂及修護效果，適合油性、面皰、暗瘡、毛孔粗大、發炎等肌膚。
橙石泥 （Orange Clay）	可令皂呈橘色。去除肌膚底層汙垢，但又不會過份的去除油脂，使毛孔回復清爽，適合混合性肌膚使用。

碳粉

備長炭粉 （White Charcoal Powder）	可令皂呈黑色。富含活性的負離子，具有防止氧化與復原的能力，可以平衡肌膚的PH值、防止肌膚老化，能溫和地去除老化的角質層、毛細孔中的汙垢，達到淨化與活化肌膚效果。
竹炭粉 （Bamboo Charcoal Powder）	可令皂呈黑色。極佳的吸附力和滲透力，添加到保養品中可輕易去除毛孔堆積的皮脂和髒汙，使毛孔舒暢，活化肌膚、解決老廢角質和青春痘等。

中藥粉

白芷粉 （Angelica Powder）	一般用於美容品或手工皂中,可抑制肌膚油質分泌過盛、面部色斑或膚色不均等問題。
艾草粉 （Wormwood Powder）	具有淨化、抗菌、幫助睡眠等效果。其氣味可使人心神鎮定。
何首烏粉 （Polygonum Multiflorum Powder）	滋養髮根,可使頭髮烏黑亮麗、促進毛髮生長等功效,常運用在洗髮皂或頭髮護理等。
抹草粉 （Desmodium Caudatum Powder）	質地溫和,適合問題肌。自古傳聞抹草有驅邪避凶功效,因此常與艾草粉搭配製作平安皂或抗菌皂等。
明日葉粉 （Ashitaba Powder）	含多種成分能夠改善老化的肌膚,淨化血液。用於入皂,可預防老化、皮膚炎等作用。
青黛粉 （Qingdai Powder）	極細的粉末,呈灰藍色或深藍色,有些草腥味。其性寒清熱、涼血解毒,用於入皂,可抗菌、治乾癬、濕疹和蚊蟲咬傷等功能。
紫草根粉 （Lithospermum Root Powder）	具有消炎、殺菌抗黴、收斂等,可以鎮定問題肌,控制肌膚油水平衡,減少表面油光。

花草粉

紅甜菜根粉 （Beet Root Powder）	含有各種維他命、礦物質、活性酵素、植物營養素及其特殊的甜菜鹼成分,對蒼白、暗沉肌膚具有極佳潤膚效果。
紅麴粉 （Red Yeast Rice Powder）	常做為抗氧化與抗發炎物質等多功效的保健品。由於顏色亮麗,相當受到皂友歡迎。

茜草根粉 （Rubia Cordifolia Root Powder）	一種天然的染色劑，可以做出由深紫紅色至淺粉色的色系。此外，還具有抗炎作用，對濕疹和搔癢等皮膚問題都有很不錯的效果。
無患子果實粉 （Sapindus Powder）	本身含有天然皂素，能產生泡沫且迅速的發酵分解，還可以抑制油脂分泌，滲入毛細孔將粉刺乳化成液，不再阻塞毛孔。用來洗頭髮，兼具清潔與潤絲的功效。
紫花苜蓿粉 （Medicago Sativa Powder）	富含維他命和礦物質，用途廣泛，除了入皂外，還可以添加在泡澡錠、或調成面膜、去角質用的磨砂膏。
紫錐花粉 （Echinacea Powder）	具鎮靜消炎、收斂毛細孔、深層清潔髒汙以及平衡油脂分泌等效果。
蕁麻葉粉 （Urtic Leaf Powder）	具收斂、平衡油脂分泌並提供適當修護的作用，對乾裂或敏感肌膚都有改善效果。此外，可幫助血液循環，消除疲勞。
薑黃粉 （Turmeric Powder）	薑黃本身含有薑黃素，有助於代謝排汗。尤其它有抗氧化功能，能延緩老化，抵抗紫外線產生的自由基，達到皮膚抗老，同時也有助消炎、傷口癒合。

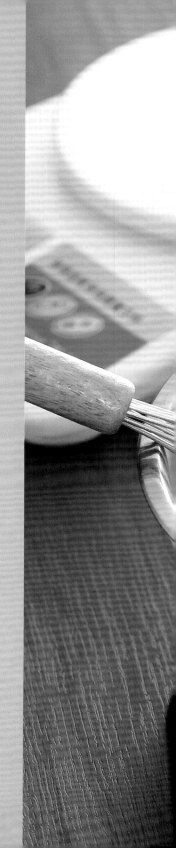

PART 3

開始打皂吧！
手工皂
基本製作流程

START TO SOAP!
HANDMADE SOAP BASIC
PRODUCTION STREAM

　　對製皂原理、配方計算、油品和水量
有了基本認識後，在操作上就不會感到那
麼緊張害怕，甚至不至於有危險。只要在
這過程中，充分理解各項材料的特性，就
會和它們相處愉快。
　　接著，我們就開始動手做吧！

成功打皂不NG！11大步驟說明

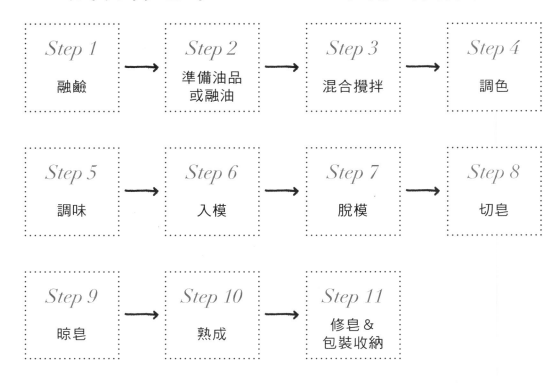

Step 1　融鹼

Step 2　準備油品或融油

Step 3　混合攪拌

Step 4　調色

Step 5　調味

Step 6　入模

Step 7　脫模

Step 8　切皂

Step 9　晾皂

Step 10　熟成

Step 11　修皂＆包裝收納

溫馨小叮嚀 NOTE

· 想好要製作的香皂配方，計算好後可以貼在牆或黑板上，方便隨時看。

· 檢查油品及添加物是否足夠，若發現配方中材料不夠，可以立刻更改配方，重新計算，避免等到要製作時，把整鍋皂毀了，耗時又耗力。

· 製皂的工具和材料確實準備好。至於入模的模具，主要以自己製作哪款而定，是要做素皂、渲染皂、分層皂、漸層皂或其他花樣的皂，而模具選擇有矽膠模、壓克力模、有圖案的單模、渲染等，都會影響成品美觀，因此一定要先想好，才不會手忙腳亂。

· 請戴上護目鏡、口罩、手套和穿圍裙，在製作手工香皂上才是最安全的示範。而小朋友、長輩和寵物也要帶離工作場所，避免不必要的危險。

Step 1　溶鹼

(1)　將氫氧化鈉（NaOH）的公克數用電子秤量好。

(2)　純水的公克數用電子秤量好。

(3)　請到空氣流通的地方，將氫氧化鈉（NaOH）緩緩倒入純水中，這時會有煙霧產生，此為正常現象不必過度緊張，可用長柄匙攪拌至到氫氧化鈉（NaOH）溶解為止。

(4)　氫氧化鈉（NaOH）和水結合後，溫度會立刻飆升到 90 ～ 100 度，此時可用溫度計測量目前的溫度。

　　※ 氫氧化鈉（NaOH）和水調和後的水，稱為「鹼水」。

(5)　調合好的鹼水，顏色會從白色慢慢變成透明。

(6)　待鹼水成透明狀後，才開始做降溫的動作。

(7)　鹼水降溫到 30 度即可。

Step 2　準備油品或融油

將想使用的油品一一放入鍋中。

（冷製法油品不需加溫，熱製法油品才需要加溫。）

TIPS

＋ 夏天時，如果要放脂類，請先將脂類與椰子油、棕櫚油加熱融化，等溫度降下來才開始製作，再放入軟油。溫度要加熱到幾度呢？請熟悉所有脂類與硬油的溶解度，每個脂類與硬油的溶解度都不一樣，要看當時加入的脂類。

＋ 冬天時，因椰子油、棕櫚油都已硬化，須先將此二款油品做隔水加熱融化的動作，才有辦法將油品順利倒出來。如果要放脂類，請先將脂類與椰子油、棕櫚油加熱融化，等溫度降下來才開始製作，再放入軟油。

Step 3　混合攪拌

①　鹼水的溫度降下來後，請直接倒入鍋中與油品混合。

②　使用打蛋器開始攪拌，只依自己習慣的方向，順時鐘或逆時鐘方向都行。

③　攪拌 10 分鐘後就可休息 5 分鐘，讓手可以充分休息，同時鍋中的皂液也開始慢慢自行皂化。

溫馨小叮嚀 N O T E

· 攪拌過程中，若無法確定濃稠度，可以適時調整速度，最好稍微暫停攪拌皂液，觀察皂液的情形。如果皂液太稀，還可以繼續攪拌；如果皂液太稠，就無法繼續製作下去，先入模為主。

TIPS　✚ 稀度濃稠：此階段要注意看油水是否已完全融合、皂液中看不見油漬。此階段容易做渲染方式，皂液的質地有點像「奶昔」❶。

　　　✚ 中度濃稠：皂液會從「奶昔」狀態慢慢變成像「蛋糕麵糊」的質地，這階段可以在皂液表面寫下所謂的「8」字 ❷。

　　　✚ 重度濃稠：皂液會呈現「濃稠布丁」的質地，用刮刀或倒出時形狀會保持不變。此階段很適合做分層或漸層方式 ❸。

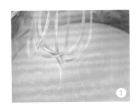  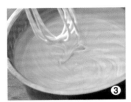

Step 4　加入色液、精油等調色

　　皂液的調色，充滿了冒險與驚豔。有很多粉類、色液、植物油和精油都可以調色。以下介紹不同種類的調色方式：

① 粉　類：前面單元介紹過許多的粉類，粉類是目前取得最方便也最快速的方式。在調色上也比較容易控制多少量，在同款顏色的粉類中，加得量少與量多，出來的顏色就會有所不同。

② 色　液：可使用生鮮蔬果的汁液或中藥材的藥水去做調色，也可使用耐鹼性的水性色液調色。

③ 植物油：只要是未精製的植物油，都會有顏色，像是未精緻的酪梨油是橄欖綠、大麻籽油是綠色、聖約翰草油是紅色、紅棕櫚油是橘黃色、卡蘭賈油是鵝黃色等，這些油品在配方比例高時，都可以調出美麗又天然的顏色。

④ 精　油：有些精油的顏色比較深也可以調出顏色，像是甜橙精油是淡黃色、山雞椒精油是土黃色、廣藿香精油是咖啡色等。只是成本高，加得量一定要多才有辦法調色。因此，很少有人用精油調色。

Step 5　調味

　　調色好後，就可以開始來選擇精油或香精來調味道。首先，解釋精油與香精的不同處，精油是從植物萃取出來的，味道好不好聞是其次，重點在於「功效」；而香精是人工合成模擬出來的味道，不具有任何的功效，主要是香味。附帶一提，因科學進步，好香精的價格也逼近精油的價格喔！千萬不要小看香精。

以下介紹幾款常用的精油：

名稱	功效
茶樹	可消炎、抗菌、除臭、鎮靜、通經、抗沮喪、利神經和增進細胞活動，使頭腦清楚、恢復活力。
薄荷	抑制發燒和黏膜發炎，有益呼吸道的毛病，可安撫神經痛、肌肉酸痛止痛、麻醉、退乳、消炎、抗菌、利腦、興奮、退燒和收縮血管。對疲憊的心靈和沮喪的情緒，功效絕佳。
洋甘菊	可緩和肌肉疼痛神經痛，規律經期減輕經痛，改善更年期惱人症狀，使胃部舒服，可抒解焦慮緊張、讓心靈平靜，對失眠很有幫助。
尤加利	對流行性感冒、喉嚨發炎、咳嗽很有益，可消除體臭，改善偏頭痛，使頭腦清楚，集中注意力。
迷迭香	改善頭痛、偏頭痛、暈眩，是強化心臟的刺激劑。還可增強消化功能，活化腦細胞，改善緊張情緒和嗜睡，讓人活力充沛。
檸檬	使血液順暢，減輕靜脈曲張，減輕喉嚨痛、咳嗽、流行性感冒，發燒時使體溫下降，可帶來清新的感受，幫助思緒。
羅勒	對頭痛和偏頭痛很有幫助，常用於氣喘、支氣管炎、流行性感冒，紓解肌肉疼痛，促進血液流通，可使感覺敏銳精神集中，振奮沮喪的情緒。
雪松	可鬆弛神經、舒緩焦慮，有助於沉思、冥想。具有殺菌、消炎、修復深層肌膚等功能，是絕佳的護髮劑，可預防禿頭、頭皮屑；也具收斂性，可以改善油性膚質、面皰和粉刺。
山雞椒	賦予老化皮膚新生命，撫平皺紋的功效卓著，真正的護膚聖品，其收斂的特性能平衡油性膚質，也具極佳的抗菌效果，能鎮靜舒緩，除了一般肌膚可以使用外，擾人的乾癬問題（如發癢、紅色斑塊、鱗屑等）都有很不錯的改善。

名稱	功效
肉桂	香味可以直接刺激嗅覺，加速循環，帶來溫暖。其植物各個部位都可提取芳香油或桂油，樹皮也就是我們常說的桂皮，是傳統名貴中藥材，也做調味品，有驅風健胃、活血祛瘀、散寒止痛之效；樹枝則能發汗驅風，通經脈。
白千層	對長期慢性皮膚狀況（如粉刺、乾癬）有效，也是呼吸道絕佳的抗菌劑，促進發汗功能，能使發燒減到最輕微程度，泡澡時加1滴能促使發汗以排出毒素。
伊蘭	以平衡荷爾蒙著名，調理生殖系統極有價值，亦稱子宮的補藥。另外，還能平衡皮脂分泌，對油性或乾性都有幫助，對頭皮有刺激補強的效果，使頭髮更具光澤。
安息香	龜裂、乾燥肌膚的良方，能使皮膚恢復彈性。對疹子、皮膚發紅、發癢與刺激現象均有幫助。
佛手柑	其抗菌的作用對油性皮膚的濕疹、乾癬、粉刺及脂漏性皮膚炎效果良好，與尤加利合併使用，對皮膚潰瘍療效絕佳。
薑	除頭皮屑，增強秀髮生長速度，強化身體機能。在人絕望無助時，可激勵心靈、安撫神經並增強記憶力。
廣藿香	香味為木味、青苔及帶點甜味。可改善腹痛腹瀉、利尿、頭皮屑、肌膚粗糙和鬆軟、粉刺、多汗、濕疹，以及消炎消脂和消睡意。
香茅	與橙花、佛手柑調和後可軟化皮膚。最有用的特性是驅蟲抗菌，可在家中以薰香方式驅離病菌，對頭痛也可以有效減輕。
甜橙	可消脂、排毒素，同時能改善乾燥皮膚、皺紋及溼疹，是一種相當優異的護膚油。對感冒、支氣管炎和發燒均有改善作用。
絲柏	可控制水分的過度流失，對成熟肌膚頗有幫助，多汗與油性皮膚亦有益。
葡萄柚	淋巴腺的刺激劑，滋養組織細胞，對肥胖和水分滯留能發揮效果。亦是開胃劑，還能化除膽結石，還能舒緩時差的症狀，如頭疼、疲乏等。
薰衣草	素有「芳香藥草之后」的稱譽，具有安寧鎮靜、潔淨身心、止痛消炎、促進細胞再生、平衡油脂分泌有顯著的效果。另外，也抗菌防蟲，適用清潔保健與預防方面。

Step 6　入模

　　製作皂液的同時，可先將模具放置一旁備用。當皂液變成濃稠狀態就可以入模，倒入到最後時可用刮刀將鍋子邊緣的皂液都刮下來，不要浪費。入模後，可以用大毛巾包裹住再放入保溫袋裡保溫，讓皂體持續地進行皂化。

Step 7　脫模

　　完成皂化後，基本上隔天就可以脫模了，但有些皂體配方裡軟油的比例占太高，製作出來的香皂就會偏軟，這時不要心急，可以再等 2 ～ 3 天之後再進行脫模，會比較漂亮哦！

Step 8　切皂

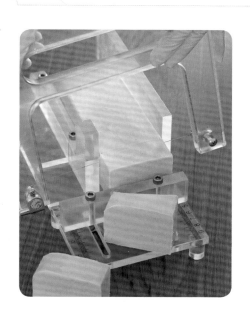

　　脫模後的手工皂，因為仍屬於強鹼狀態，在切皂時都還需要戴著手套。切皂的工具可以選擇鋼絲線刀或是一般菜刀（勿再用於食材），在鋼絲線刀的使用，基本上是會配上一整套完整的切皂工具，可依個人喜好的大小量好，用鋼絲線刀切下去即可。另外，使用一般菜刀為工具時，如果技術不是很高明，切起來歪歪斜斜的，就需加強練習技術能力了。

Step 9 晾皂

切完皂後，請準備一個置物盒或是草莓籃，一一放入切好的皂寶寶們晾置。

Step 10 熟成

在晾皂階段時，記得去關心一下皂寶寶們，適時幫它們翻身，也可以趁這機會看看皂寶寶們發生什麼變化。在自然乾燥的環境下，鹼度就會漸漸下降，一個月後可以用試紙測試PH值。這一個月等待晾皂的時間，我們稱為「熟成期」，PH值降下來到約8～9之間就可以使用！

Step 11　修皂 & 包裝收納

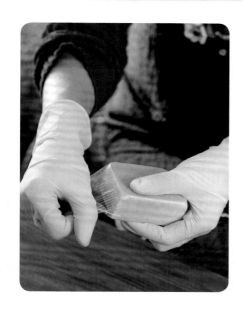

手工皂熟成後，因為經過了一個月晾皂的時間，難免表面會有灰塵，所以在包裝之前務必將皂寶寶們一個個擦乾淨。

請準備一條乾淨的乾毛巾（最好不要會掉毛屑），將皂寶寶們的邊邊和刺刺的角，利用毛巾擦拭後，銳利的邊角都會變得圓滑，在包皂時袋子不容易破，送到別人手上使用時也不會被銳利的邊角洗得不舒服。這個動作，稱為「修皂」。

包皂是件費時又費工的活，如果量不多的話，可以選擇 PE 模用雙手一個個將皂寶寶們包起來。再來，可以選擇用真空機來包皂，皂寶寶們在真空狀態下可以保存比較好。也有人選擇用收縮膜來包皂，也是不錯的方式。不管是用哪種包裝，只要是乾燥的環境就是適合皂寶寶的！

PART 4

草本植物
手工皂

HERBAL
HANDMADE SOAP

　　生活中，不少人的家中都會種些花草
植物，其實很多的花草都可以時時刻刻應
用，可以製成中草藥之外，還可以入菜，
更能夠入皂，做出迷人的皂款呢！

薰衣迷迭
養髮舒緩皂

薰衣草、迷迭香的精華是對抗毛根止癢，強健活化的好幫手，再配上薄荷精油，讓洗完後的頭皮有清爽的感覺！

配方 *Material*

油脂

椰子油	125g
棕櫚油	125g
苦茶油	175g
玄米油	75g
總油重	500g

鹼液

氫氧化鈉	75g
純水	188g

添加物

薰衣草粉末	10g
迷迭香粉末	10g
SF：摩洛哥堅果油	30g

精油

薰衣草精油	10c.c.
迷迭香精油	5c.c.
薄荷精油	10c.c.

製皂步驟 *Step*

01 將量秤好的氫氧化鈉和水進行溶鹼：把氫氧化鈉加入水中，輕輕攪拌至氫氧化鈉完全溶解。溶好的鹼水靜置 5 ~ 10 分鐘，待變成透明狀後，再進行降溫至 30 度的動作。

02 將油品依序倒入鍋中。

03 當鹼水降溫到 30 度時，緩慢地倒入鍋中與油品混合。

04 攪拌到稀度濃稠時，將摩洛哥堅果油倒入攪拌均勻。

05 攪拌到中度濃稠狀態，可依序滴入精油攪拌均勻。

06 入模且放入保溫箱保溫。

POINT

•• SF 是超脂（Super fatting）的意思，不用去算它的皂化價。因為超脂是在總油重以外多加入的油脂，讓這款香皂會比一般香皂滋潤喔！

蕁麻蒲公英
保濕皂

特別介紹「薰衣草茶樹精油」，這款精油是直接從澳洲帶回來的，茶樹中帶點薰衣草的香味變化，且香味比茶樹更加柔和，推薦給不喜愛薰衣草香氣的人！此外，還有不少的保濕成分！

配方 *Material*

油脂

椰子油	**175g**
棕櫚油	**175g**
橄欖油	**95g**
冷壓杏核桃仁油	**55g**
總油重	**500g**

鹼液

氫氧化鈉	**78g**
純水	**195g**

添加物

蕁麻葉＋蒲公英粉末	**10g**
備長炭粉	**適量**

精油

薰衣草茶樹精油	**10c.c.**
絲柏精油	**5c.c.**

製皂步驟 *Step*

01 將量秤好的氫氧化鈉和水進行溶鹼：把氫氧化鈉加入水中，輕輕攪拌至氫氧化鈉完全溶解。溶好的鹼水請靜置 5 ～ 10 分鐘，待變成透明狀後，再進行降溫至 30 度的動作。

02 先將油品依序倒入鍋中。

03 當鹼水降溫到 30 度時，緩慢地倒入鍋中與油品混合。

04 攪拌到稀度濃稠時，取出 350g 的皂液，加入蕁麻葉、蒲公英粉末拌勻。

05 攪拌到中度濃稠時，可依序滴入精油攪拌均勻。

接下頁 →

06 原皂液攪拌至稀度濃稠時放入量杯中，沿著模具的邊角倒入一些。

07 將做法 4 調好的蕁麻葉、蒲公英粉末皂液倒入一些些在原皂液裡拌勻。
將皂液沿著模具的邊角倒入一些。

08 再將蕁麻葉和蒲公英粉末皂液倒入做法 7 的皂液，讓顏色比之前的深即
可。皂液攪拌均勻後，沿著模具的邊角倒入一些。

09　重複上述步驟，營造漸層感。

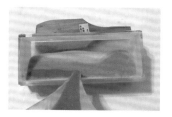

TIPS　✚ 若想要做出更明顯的分層效果，在往原皂液加入顏色時，可適當地加些備長炭粉。

10　入模完成且放入保溫箱保溫。

P O I N T

•• 蕁麻葉、蒲公英粉末屬於天然的粉末，所以當香皂完成時，盡量在顏色尚未褪去前先拍照，留下顏色最飽滿的畫面。

桔梗茉莉潤膚皂

桔梗、茉莉磨成粉末狀後入皂，不會有顏色上的差異與變化。因此，我特別加入了夢幻紫色的礦物粉，來做出由淺到深的漸層效果。

配方 *Material*

油脂

椰子油	**55g**
桔梗浸泡橄欖油	**85g**
未精緻乳油木果脂	**360g**
總油重	**500g**

鹼液

氫氧化鈉	**68g**
純水	**170g**

添加物

茉莉花粉末	**10g**
紫色礦物粉	**5g**
SF：月見草油	**15g**

精油

依蘭精油	**5c.c.**
雪松精油	**10c.c.**

製皂步驟 *Step*

01　將量秤好的氫氧化鈉和水進行溶鹼：把氫氧化鈉加入水中，輕輕攪拌至氫氧化鈉完全溶解。溶好的鹼水請靜置 5 ～ 10 分鐘，待變成透明狀後，再進行降溫至 30 度的動作。

02　先將椰子油、未精緻乳油木果脂倒入鍋中，加熱至 50 度，讓未精緻乳油木果脂全部融化後，再加入桔梗浸泡橄欖油，讓油品降溫到 30 度。

03　當鹼水降溫到 30 度時，緩慢地倒入鍋中與油品混合。

04　攪拌到稀度濃稠時，加入月見草油攪拌均勻。

05　再加入茉莉花粉末攪拌均勻，取出兩杯各 200g 的皂液。

接下頁→

06 第一杯皂液加入 3g 的紫色礦物粉，第二杯皂液加入 2g 的紫色礦物粉。

07 分別攪拌到中度濃稠時，可依序將精油放入第一及第二杯色液中。

08 先將鍋中的原皂液倒入模具中。

09 再倒入較淡的紫色皂液做為第二層。

10 最後倒入深紫色的皂液，請用刮刀輔助倒入。

11 入模完成且放入保溫箱保溫。

百合金盞潔膚皂

此款皂特別加入古雲香膠精油，可以改善過敏肌膚，在抗炎、抗菌方面有很大的幫助。添加金盞花入皂，使皂的顏色充滿著美麗天然的金黃色。

配方 *Material*

油脂

椰子油	**110g**
棕櫚油	**190g**
橄欖油	**150g**
馬油	**50g**
總油重	**500g**

鹼液

氫氧化鈉	**75g**
百合原汁冰塊	**188g**

添加物

乾燥金盞花	**適量**

精油

古雲香膠精油	**5c.c.**
天竺葵精油	**5c.c.**

製皂步驟 *Step*

01　準備一個大鍋，做為下個步驟時溶鹼降溫之用。

02　將量秤好的氫氧化鈉和百合原汁冰塊進行溶鹼：先將百合冰塊水放入大鍋中，再將氫氧化鈉分 3 ～ 4 次加入冰塊中，輕輕攪拌至氫氧化鈉及冰塊完全溶解。鹼水降溫至 30 度備用。

03　將油品依序倒入另一鍋中。

04　當鹼水降溫到 30 度時，緩慢地倒入鍋中與油品混合。

05　攪拌到稀度濃稠時，加入金盞花攪拌均勻。

06　攪拌到中度濃稠時，可依序滴入精油。

07　入模且放入保溫箱保溫。

洋甘菊桂花嫩白皂

此款皂可練習用粉末篩出一條細細的線，將第一層與第二層用線分別出來。就像是夾心餅乾，中間夾著薄薄的奶油。而洋甘菊、桂花的功用跟馬油相比不在話下，不論是保濕、對抗過敏肌膚都有不錯的效果。

配方 *Material*

油脂

椰子油	90g
棕櫚油	85g
桂花浸泡橄欖油	200g
榛果油	125g
總油重	500g

鹼液

氫氧化鈉	73g
純水	183g

添加物

洋甘菊粉末	10g
藍色礦物粉	5g

精油

檀香精油	5g
葡萄柚精油	10g

製皂步驟 *Step*

01　將量秤好的氫氧化鈉和水進行溶鹼：把氫氧化鈉加入水中，輕輕攪拌至氫氧化鈉完全溶解。溶好的鹼水請靜置 5 ～ 10 分鐘，待變成透明狀後，再進行降溫至 30 度的動作。

02　將油品依序倒入鍋中。

03　鹼水降溫到 30 度後，緩慢地倒入鍋中與油品混合。

04　攪拌到稀度濃稠時，取出 1/2 皂液加入洋甘菊粉末攪拌均勻，並攪拌到中度濃稠。

05　原皂液攪拌到中度濃稠時，可依序滴入精油。

接續第一頁 ➡

06 傾斜模具，將洋甘菊皂液倒入模具中。

07 用篩網將藍色礦物粉輕輕地灑在皂液表面。

08 再將原皂液倒入模具，請用刮刀緩衝皂液流速輔助倒入。

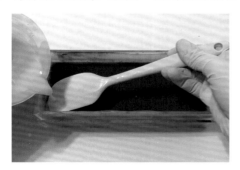 

9　入模完成且放入保溫箱保溫。

─ P O I N T ─

‥ 粉類過篩時，請輕輕地拍打，讓粉類薄薄一層在皂液
表面就可以了。千萬不要灑太多、太厚，除了避免皂
液表面有粉類過多的情形之外，也可以防止切皂時會
掉出過多的粉類，影響皂的美觀。

玫瑰薄荷嬌嫩皂

此款皂利用具有使肌膚柔軟細嫩聞名的「羊毛脂」，來油煎玫瑰、薄荷，不僅能減少角質層水分及油分的流失，給肌膚由內而外 Q 彈水潤。

配方 *Material*

油脂

椰子油	135g
棕櫚油	240g
羊毛脂（油煎）	50g
開心果油	75g
總油重	500g

鹼液

氫氧化鈉	73g
純水	183g

添加物

紅色礦物粉	5g
綠色礦物粉	5g

精油

檸檬精油	10c.c.
薄荷精油	10c.c.
松精油	5c.c.

製皂步驟 *Step*

01 將量秤好的氫氧化鈉和水進行溶鹼：把氫氧化鈉加入水中，輕輕攪拌至氫氧化鈉完全溶解。溶好的鹼水請靜置 5 ~ 10 分鐘，待變成透明狀後，再進行降溫到 30 度的動作。

02 先將椰子油、棕櫚油、羊毛脂（油煎）倒入鍋中加熱到 50 度，讓羊毛脂全部融化後，加入開心果油，油品降溫到 30 度。

03 當鹼水降溫到 30 度時，緩慢地倒入鍋中與油品混合。

04 攪拌到稀度濃稠時，取出 300g 皂液，分成兩杯各 150g。一杯加入紅色礦物粉，另一杯加入綠色礦物粉，分別攪拌均勻。

接下頁

POINT

準備一個小陶鍋，放入乾燥玫瑰與薄荷，開小火，用羊毛脂慢慢煎至玫瑰、薄荷呈酥脆的狀態即可關火，再燜 30 分鐘，冷卻後就可以使用。

05 原皂液攪拌到中度濃稠時，可依序滴入精油攪拌均勻。

06 將鍋中的原皂液放入量杯中，把綠色、紅色皂液倒入原皂液中。

07 接著將量杯中的皂液順著模具的邊角不停晃動倒入，當量杯中的綠色及紅色皂液沒有了再加入，持續重複以上動作。

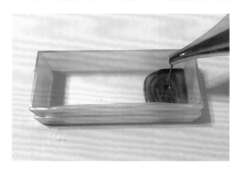 

08 入模完成且放入保溫箱保溫。

鼠尾香蜂清爽皂

鼠尾草可消除體內油脂，幫助循環；而香蜂草富含咖啡酸、迷迭香酸及阿魏酸，能夠有效抗老。這兩個草本加起來的美容效果是女孩的最愛，再搭配具有保濕、滋養效果的酪梨油，適量使用可以淡化細紋、鎮靜肌膚以及改善過敏現象。做出來的皂不會過度油膩，反而帶點清爽卻不乾燥的感覺！心動了嗎？快試試吧！

配方 Material

油脂

椰子油	75g
棕櫚油	175g
未精緻酪梨油	125g
苦楝油	125g
總油重	500g

鹼液

氫氧化鈉	73g
純水	183g

添加物

鼠尾草＋香蜂草粉末 10g

精油

綠花白千層精油	10c.c.
廣藿香精油	10c.c.
紅橘精油	5c.c.

製皂步驟 Step

01 將量秤好的氫氧化鈉和水進行溶鹼：把氫氧化鈉加入水中，輕輕攪拌至氫氧化鈉完全溶解。溶好的鹼水請靜置 5 ~ 10 分鐘，待變成透明狀後，再進行降溫到 30 度的動作。

02 先將椰子油、棕櫚油倒入鍋中。

03 當鹼水降溫到 30 度時，緩慢地倒入鍋中與油品混合。

04 攪拌到稀度濃稠時，再加入未精緻酪梨油和苦楝油攪拌均勻。

05 再加入粉末攪拌。

06 攪拌到中度濃稠狀態，可依序滴入精油。

07 入模且放入保溫箱保溫。

PART 5

天然生鮮
蔬果手工皂

FRUIT AND VEGETABLE
HANDMADE SOAP

製作蔬果手工香皂吧！不論是橘子、草莓、蘋果、母乳等都能入皂，呈現手工皂繽紛的顏色，但有些蔬果就不太適合用來入皂，像是葡萄、桑椹，大家可能會覺得顏色很漂亮而想要入皂，卻沒有想到香皂是鹼性的，碰到那些美麗的紫紅色就會變成了綠色或咖啡色！

每種蔬果所呈現出來的都會讓人意想不到，開始動手做吧！

Fruit & Vegetable Soap

椰子苦瓜呵護皂

椰子水有天然的糖分，能使肌膚柔軟滑順；而苦瓜有很好的滋潤作用。椰子搭配苦瓜，清涼又滋養，讓這款香皂天天呵護你的肌膚。若想要突顯苦瓜的顏色，可以選擇山苦瓜哦！

配方 *Material*

油脂

椰子油	**125g**
棕櫚油	**125g**
橄欖油	**250g**
總油重	**500g**

鹼液

氫氧化鈉	**75g**
純水	**150g**

添加物

椰子水	**50g**
苦瓜	**50g**

精油

薰衣草精油	**10c.c.**
迷迭香精油	**5c.c.**
歐薄荷精油	**10c.c.**

製皂步驟 *Step*

01 將量秤好的氫氧化鈉和水進行溶鹼：把氫氧化鈉加入水中，輕輕攪拌至氫氧化鈉完全溶解。溶好的鹼水請靜置 5 ~ 10 分鐘，待變成透明狀後，再進行降溫到 30 度的動作。

02 將油品依序倒入鍋中。

03 當鹼水降溫到 30 度時，緩慢地倒入鍋中與油品混合。

04 攪拌到稀度濃稠的狀態，讓皂液休息。

05 將椰子水與苦瓜用果汁機打成汁。

06 將打好的椰子水與苦瓜汁，不用過濾，慢慢地倒入鍋中。

07 攪拌到中度濃稠，依序滴入精油攪拌均勻。

08 入模且放入保溫箱保溫。

POINT

‧‧ 椰子水與苦瓜用果汁機打成汁後，入皂液時會加速皂化產生。　請注意操作的動作跟速度要更謹慎。

‧‧ 天然蔬果入皂的顏色通常會持續不久，約半年後都會褪色。

Fruit & Vegetable Soap

鳳梨嫩薑
保暖渲染皂

鳳梨的酵素很多,可以防止肌膚乾裂、滋潤並讓頭髮光亮;
薑在這幾年十分盛行,尤其嫩薑可以讓皮膚毛孔做調節,
有毛細孔粗大困擾的朋友們不妨入皂一試!

配方 *Material*

油脂

椰子油	105g
白油	245g
薑浸泡橄欖油	100g
精緻酪梨油	50g
總油重	500g

鹼液

氫氧化鈉	73g
鳳梨汁冰塊	168g

添加物

薑黃粉	10g

精油

山雞椒精油	10c.c.
薑精油	5c.c.

製皂步驟 *Step*

01　準備一個大鍋,做為下個步驟時溶鹼降溫之用。

02　將量秤好的氫氧化鈉和鳳梨冰塊進行溶鹼:將鳳梨汁冰塊放入大鍋中,再將氫氧化鈉分 3 ~ 4 次加入冰塊中,輕輕攪拌至氫氧化鈉及冰塊完全溶解。讓鹼水降溫到 30 度備用。

03　先將椰子油、白油加熱到 70 度,讓白油全部融化後,再加入薑浸泡橄欖油,讓油品降溫到 30 度。

04　當油溫降溫到 30 度時,與鹼水一起混合攪拌。

05　攪拌到稀度濃稠時,加入酪梨油繼續攪拌。

接下頁 ⟶

06 先取 150g 的皂液倒入量杯，加入薑黃粉調色。

07 精油請依序滴入鍋中及量杯中。

08 準備矽膠模具備用。

09 先將鍋中未調色的皂液倒入模具中。

10 接著將已調顏色的皂液倒入模具的中間成一條，重複倒完。

11　用溫度計從左下方開始上下畫動。

 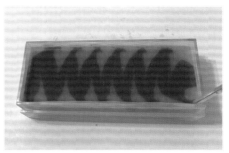

12　再畫橫向一個「S」，漂亮的羽毛渲染就出來。

 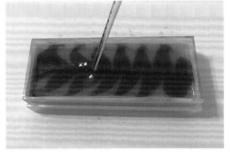

13　放入保溫箱保溫。

POINT

‥ 配方中有酪梨油，若與其他
油品一起加入很容易加速皂
化，所以建議在後面一點的
步驟才加入，可以避免皂化
快速而來不及下一步的動
作。

‥ 山雞椒精油的顏色為黃色，
很容易使皂成形後，顏色比
一般香皂更深。

Fruit & Vegetable Soap

小黃瓜水梨美膚皂

大家應該都知道黃瓜對於肌膚的好處，這款皂還加入頂級的「祕魯香脂精油」，溫暖芳香的氣味中有點甜。洗澡可以聞到淡淡的精油味道，讓整個人都放鬆了，很適合女孩們！

配方 *Material*

油脂

椰子油	**50g**
未精緻乳油木果脂	**125g**
橄欖油	**325g**
總油重	**500g**

鹼液

氫氧化鈉	**69g**
小黃瓜與水梨冰塊	**159g**

精油

佛手柑精油	**10c.c.**
祕魯香脂精油	**5c.c.**

製皂步驟 *Step*

01　準備一個大鍋，做為下個步驟時溶鹼降溫之用。

02　將量秤好的氫氧化鈉和小黃瓜與水梨冰塊進行溶鹼：先將小黃瓜與水梨冰塊放入大鍋中，再把將氫氧化鈉分 3 ～ 4 次加入冰塊中，輕輕攪拌至氫氧化鈉及冰塊完全溶解。讓鹼水降溫到 30 度備用。

03　將椰子油、未精緻乳油木果脂加熱到 50 度，讓未精緻乳油木果脂全部融化後，再加入橄欖油，讓油品降溫到 30 度。

04　當鹼水降溫到 30 度時，緩慢地將鹼水倒入鍋中與油品混合。

05　攪拌到中度濃稠時，可依序滴入精油攪拌均勻。

06　入模且放入保溫箱保溫。

Fruit &
Vegetable
Soap

酪梨秋葵防護皂

在添加物中加入牛奶，讓酪梨、秋葵可以充分混合在一起，
聯合對抗令人困擾的混合性肌膚。配方中的廣藿香精油有止
癢的效果，而甜橙精油對肌膚滋潤也會有不一樣的效果！

配方 *Material*

油脂

椰子油	135g
棕櫚油	165g
橄欖油	90g
玄米油	110g
總油重	500g

鹼液

氫氧化鈉	75g
純水	150g

添加物

酪梨	50g
秋葵	50g
高脂鮮奶	50g
黑色礦物粉	5g

精油

甜橙精油	10c.c.
廣藿香精油	5c.c.
茉莉香精油	5c.c.

製皂步驟 *Step*

01　將量秤好的氫氧化鈉和水進行溶鹼：把
　　氫氧化鈉加入水中，輕輕攪拌至氫氧化
　　鈉完全溶解。溶好的鹼水靜置 5 ~ 10 分
　　鐘，待變成透明狀後，再進行降溫到 30
　　度的動作。

02　將椰子油、棕櫚油和橄欖油依序倒入鍋中。

03　當鹼水降溫到 30 度時，緩慢地將鹼水倒
　　入鍋中與油品混合。

04　攪拌到稀度濃稠時，放入玄米油攪拌。

05　準備添加物：將酪梨、秋葵和高脂鮮奶
　　一起放入果汁機打成汁，不用去渣過濾，
　　慢慢倒入步驟 4 的皂液。

06　取 400g 皂液倒入量杯，加入黑色礦物粉。

接下頁➡

07　攪拌到中度濃稠，依序滴入精油攪拌均勻。

08　先將原色皂液加入甜橙精油 10c.c.，慢慢倒入模具。

09　第一層原色皂液不會搖晃後，將步驟 6 的黑色皂液加入廣藿香精油及茉莉香精油，在倒入模具時，請用刮刀輔助緩衝流速，以免衝破第一層。

10　入模且放入保溫箱保溫。

檸檬芹菜體香皂

加入了黃金荷荷芭油,再搭配檸檬,極具潤絲之效,很適合
洗髮、洗澡、洗臉一起使用。此外,芹菜籽精油對肌膚有很
好的嫩白效果外,也可以改善肌膚水腫、發紅的現象。

配方 *Material*

🌰 油脂

椰子油	**90g**
棕櫚油	**95g**
未精緻乳油木果脂	**125g**
橄欖油	**190g**
總油重	**500g**

🏭 鹼液

氫氧化鈉	**79g**
檸檬汁＋芹菜冰塊	**158g**

🥄 添加物

檸檬皮	**適量**
SF：黃金荷荷芭油	**15g**

🖌 精油

芹菜籽精油	**5c.c.**
黑胡椒精油	**5c.c.**

製皂步驟 *Step*

01 準備一個大鍋，做為下個步驟時溶鹼降溫之用。

02 將量秤好的氫氧化鈉、檸檬汁和芹菜冰塊進行溶鹼：先將檸檬汁和芹菜冰塊放入大鍋中，再將氫氧化鈉分 3 ~ 4 次加入冰塊中，輕輕攪至氫氧化鈉及冰塊完全溶解。鹼水降溫到 30 度備用。

03 先將椰子油、棕櫚油及未精緻乳油木果脂加熱到 50 度，讓未精緻乳油木果脂全部融化後，再加入橄欖油，讓油品降溫到 30 度。

04 當鹼水降溫到 30 度時，緩慢地將鹼水倒入鍋中與油品混合。

05 攪拌到稀度濃稠時，可以加入 15g 黃金荷荷芭油。

06 攪拌到中度濃稠時，就可以加入檸檬皮（檸檬皮愈細愈好）。依序滴入精油攪拌均勻。

07 入模且放入保溫箱保溫。

─ *POINT* ─

‥ 檸檬皮削片後再剁碎加入皂液中，成皂後會呈現一點一點的橘黃色，不僅可愛且帶著檸檬的香味。

Fruit &
Vegetable
Soap

香蕉牛奶助眠皂

牛奶本身有幫助身體放鬆的效果，有人在忙碌一整天回家後泡牛奶浴放鬆，或晚上睡不著時喝杯牛奶助眠。此款皂還加入了雪松精油，可以讓人完全放鬆、沈沈入眠。常常失眠的人，可以在睡前泡澡，再加上香皂的療癒，有助於入眠！

配方 *Material*

油脂

椰子油	**190g**
棕櫚油	**205g**
芝麻油	**105g**
總油重	**500g**

鹼液

氫氧化鈉	**79g**
香蕉＋蜂蜜＋牛奶冰塊	**198g**

添加物

綠色礦物粉	**5g**
備長炭粉	**5g**

精油

雪松精油	**10c.c.**
香茅精油	**5c.c.**

製皂步驟 *Step*

01 準備一個大鍋便於放入冰塊水，做為下個步驟時溶鹼降溫之用。

02 將量秤好的氫氧化鈉和香蕉、蜂蜜、牛奶冰塊進行溶鹼：先將香蕉、蜂蜜、牛奶冰塊放入大鍋中，再將氫氧化鈉分 3 ～ 4 次加入冰塊中，輕輕攪拌至氫氧化鈉及冰塊完全溶解。鹼水降溫到 30 度備用。

03 將油品依序入鍋中。

04 當鹼水降溫到 30 度時，緩慢地將鹼水倒入鍋中與油品混合。

05 攪拌到稀度濃稠時，先取出 250g 皂液，一杯分成 150g，一杯分成 100g。

06 將 150g 皂液加入綠色礦物粉、100g 皂液加入備長炭粉，分別攪拌均勻。

接下頁➞

07　所有皂液都攪拌至中度濃稠時，可依序滴入精油拌勻。

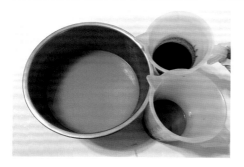

08　先將鍋中的原色皂液倒入模具中。

09　綠色皂液在原色皂液一側上倒出一條。

10　再將黑色皂液在原色皂液另一側上倒出一條。

11　用溫度計從左下方開始以畫圈方式畫好後，在四周圍繞 3 ～ 4 圈。

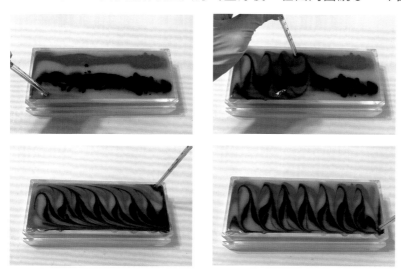

12　放入保溫箱保溫。

柚子芝麻緊緻皂

有些人喜歡在洗澡時,肌膚有涼涼的感覺。此款皂加了薄荷精油配方,在沐浴後仍有清涼感。利用黑芝麻、柚子和胡蘿蔔三種不同元素,做出三層不同顏色的皂款,視覺更精采。

配方 Material

☀油脂

椰子油	**50g**
精緻酪梨油	**450g**
總油重	**500g**

⚗鹼液

氫氧化鈉	**69g**
純水	**138g**

⚗添加物

黑芝麻粉	**5g**
柚子粉	**10g**
胡蘿蔔素粉	**10g**

✏精油

茶樹精油	**5c.c.**
薄荷精油	**10c.c.**

製皂步驟 Step

01 將量秤好的氫氧化鈉和水進行溶鹼:把氫氧化鈉加入水中,輕輕攪拌至氫氧化鈉完全溶解。溶好的鹼水請靜置 5 ~ 10 分鐘,待變成透明狀後,再進行降溫到 30 度的動作。

02 將油品依序倒入鍋中。

03 當鹼水降溫到 30 度時,緩慢地將鹼水倒入鍋中與油品混合。

04 攪拌到稀度濃稠時,取出 470g 皂液,分成兩杯各 235g。

05 將鍋中的皂液加入黑芝麻粉攪拌均勻;一杯的 235g 皂液加入柚子粉攪拌均勻;另一杯的 235g 皂液加入胡蘿蔔素粉攪拌均勻。

接下頁 →

06 皆攪拌到中度濃稠時，依序滴入精油攪拌均勻。

07 先將黑芝麻粉皂液倒入模具，做為第一層。

08 接著慢慢倒入柚子粉皂液做為第二層，倒入時請用刮刀輔助緩衝流速。

09 也用刮刀輔助緩衝，最後倒入胡蘿蔔素粉皂液做為第三層。

10 放入保溫箱保溫。

─ *POINT* ─

‣‣ 曬乾的柚子皮用研磨機打成粉末狀，就可以入皂。

納豆黑米柔軟皂

這是專門給寶寶使用的皂,加入了納豆、黑米以及 72% 的
乳油木果脂,再搭配洋甘菊精油,抗敏舒緩最適合不過了!

配方 *Material*

油脂

椰子油	50g
精緻乳油木果脂	360g
未精緻酪梨油	90g
總油重	500g

鹼液

氫氧化鈉	68g
純水	170g

添加物

納豆原汁	50g
黑米粉末	10g

精油

洋甘菊精油	10c.c.
乳香精油	5c.c.

製皂步驟 *Step*

01　將量秤好的氫氧化鈉和水進行溶鹼:把氫氧化鈉加入水中,輕輕攪拌至氫氧化鈉完全溶解。溶好的鹼水請靜置 5 ~ 10 分鐘,待變成透明狀後,再進行降溫到 30 度的動作。

02　先將椰子油、精緻乳油木果脂加熱到 50 度,讓精緻乳油木果脂全部融化後,油品降溫到 30 度。

03　當鹼水降溫到 30 度時,緩慢地將鹼水倒入鍋中與油品混合。

04　攪拌到稀度濃稠時,再加入未精緻酪梨油攪拌。

05　攪拌到中度濃稠時,先加入納豆原汁攪拌,再加入黑米粉末拌勻。

06　攪拌到重度濃稠時,依序滴入精油拌勻。

07　入模且放入保溫箱保溫。

POINT

- 納豆原汁:納豆與純水的比例為 1:1,將納豆與純水用果汁機打成汁。
- 寶寶滿 8 個月後就可以使用手工香皂哦!這時寶寶肌膚狀況比較穩定,才是最好的使用時機。

PART 6

古法漢方
手工皂

每個中藥草都有不同的特性與功效，
如滋補、祛瘀、補血和燥熱等，都需要瞭
解之後才知道如何去煎煮或使用。其實，
中藥和精油的觀念很像，一定都要對症使
用，功效才會有所發揮與見效哦！

藥材說明

蒼朮

燥濕健脾、祛風濕。《本草綱目》指出，蒼朮治濕痰留飲，或挾瘀血成窠囊，及脾濕下流，濁瀝帶下，滑瀉腸風。

黃柏

清熱燥濕、瀉火解毒、退熱除蒸。

黃柏蒼朮
祛濕舒緩皂

杜松精油可改善頭皮的皮脂漏，能淨化油性皮膚、改善粉刺、毛孔阻塞、皮膚炎、濕疹和乾癬。再搭配蒼朮的祛濕、黃柏的解毒，值得一試哦！

配方 *Material*

油脂

椰子油	**125g**
棕櫚油	**125g**
蒼朮＋黃柏浸泡橄欖油	**125g**
精緻酪梨油	**125g**
總油重	**500g**

鹼液

氫氧化鈉	**75g**
純水	**188g**

添加物

蒼朮粉末	**10g**
黃柏粉末	**10g**

精油

鼠尾草精油	**5c.c.**
杜松精油	**5c.c.**

製皂步驟 *Step*

01　將量秤好的氫氧化鈉和水進行溶鹼：把氫氧化鈉加入水中，輕輕攪拌至氫氧化鈉完全溶解。溶好的鹼水靜置 5 ~ 10 分鐘，待變成透明狀後，再進行降溫至 30 度的動作。

02　將椰子油、棕櫚油和橄欖浸泡油依序倒入鍋中。

03　當鹼水降溫到 30 度後，緩慢地倒入鍋中與油品混合。

04　攪拌到稀度濃稠時，可加入精緻酪梨油攪拌。

05　攪拌到中度濃稠時，可加入添加物攪拌均勻。

06　攪拌到重度濃稠時，可依序滴入精油攪拌均勻。

07　入模且放入保溫箱保溫。

益母草

活血、袪瘀、調經、消腫。據《本草綱目》記載：「益母草之根、莖、花、葉、實，並介入藥，可通用。若治手足厥陰分風熱，明目益精，調婦人經脈。」此外，還含有硒、錳等多種微量元素，能養顏美容，抗衰防老。

大黃

瀉下攻積、清熱瀉火、止血、解毒和活血袪瘀，是中醫常用的通便瀉火藥物。

益母草大黃
滋潤止癢皂

益母草有很顯著的美白作用，與橙花精油搭配，肌膚透白、保濕、彈性效果更加倍。此款手工皂還添加玫瑰天竺葵精油，可讓過敏肌膚有止癢、抗菌和鎮定的效果，其味道像玫瑰，在玫瑰精油的價格昂貴下，大部分的人都會選擇玫瑰天竺葵精油使用！

配方 *Material*

油脂

椰子油	**125g**
棕櫚油	**150g**
精製可可脂	**50g**
橄欖油	**175g**
總油重	**500g**

鹼液

氫氧化鈉	**75g**
純水	**188g**

添加物

益母草粉末	**10g**
大黃粉末	**10g**

精油

橙花精油	**5c.c.**
玫瑰天竺葵精油	**5c.c.**

製皂步驟 *Step*

01　將量秤好的氫氧化鈉和水進行溶鹼：把氫氧化鈉加入水中，輕輕攪拌至氫氧化鈉完全溶解。溶好的鹼水請靜置 5 ~ 10 分鐘，待變成透明狀後，再進行降溫至 30 度的動作。

01　將椰子油、棕櫚油、精製可可脂倒入鍋中，加熱至 50 度，讓可可脂全部融化後，再加入橄欖油，讓油品降溫到 30 度。

02　當鹼水降溫到 30 度後，緩慢地倒入鍋中與油品混合。

03　攪拌到稀度濃稠時，可先將皂液分成兩份，一半加入益母草粉末來攪勻，另一半皂液加入大黃粉末來攪拌均勻。

04　攪拌到中度濃稠時，可依序滴入精油攪拌均勻。

接下頁➞

05　準備好模具，皂液從右上角開始。先倒入益母草皂液一些，再交換大黃粉皂液倒入一些。

06　以這樣的方式，輪流交換倒完。

07　入模完成且放入保溫箱保溫。

杜仲檳榔
活躍清爽皂

卡蘭賈油容易被真皮層吸收，使肌膚健康有光澤，因此常被使用在化妝品與保養品中，特別是臉部乳液，在皮膚護理方面，對受損與發炎的肌膚特別有幫助。

配方 *Material*

油脂

椰子油	**125g**
浸泡橄欖油	**275g**
（杜仲＋使君子＋檳榔）	
卡蘭賈油	**100g**
總油重	**500g**

鹼液

氫氧化鈉	**74g**
純水	**185g**

精油

萊姆精油	**10c.c.**
苦橙葉精油	**5c.c.**
尤加利精油	**10c.c.**

製皂步驟 *Step*

01　將量秤好的氫氧化鈉和水進行溶鹼：把氫氧化鈉加入水中，輕輕攪拌進行溶鹼；氫氧化鈉完全溶解。溶好的鹼水請靜置 5 ～ 10 分鐘，待變成透明狀後，再進行降溫至 30 度的動作。

02　將椰子油、卡蘭賈油和橄欖浸泡油依序倒入鍋中。

03　當鹼水降溫到 30 度後，緩慢地倒入鍋中與油品混合。

04　攪拌到中度濃稠時，依序滴入精油攪拌均勻。

05　入模且放入保溫箱保溫。

藥材說明

杜仲
據《本草綱目》記載，能潤肝燥，補肝虛，堅筋骨。

檳榔
中醫認為可以利尿消積，防治寄生蟲、消化不良。

使君子
具殺蟲解毒、理氣健脾等功效，主治小兒疳積、兒積、脘腹脹滿、瘡癤潰瘍等治療上。

茯苓陳皮鎮靜安神皂

Chinese
Medicinal
Soap

橘子在冬轉春之際時盛產最多，吃完橘子剩下的果皮，曬乾後就是陳皮了。將陳皮磨成粉末狀入皂，有去角質效果。此款手工皂添加了櫻桃核仁油和玫瑰草精油，能夠平衡油脂分泌，相當適合泛油缺水以及粉刺型肌膚，此外，還具有安撫情緒、鎮定精神的效果。

配方 *Material*

○ 油脂

椰子油	140g
棕櫚油	110g
茯苓浸泡橄欖油	85g
櫻桃核仁油	165g
總油重	500g

◼ 鹼液

氫氧化鈉	76g
純水	152g

∴ 添加物

SF：冷壓覆盆莓籽油	15g
陳皮粉	10g
茯苓粉	10g
粉紅礦物粉	5g
可可粉	10g

✦ 精油

香茅精油	10c.c.
玫瑰草精油	5c.c.
安息香精油	5c.c.

製皂步驟 *Step*

01 將量秤好的氫氧化鈉和水進行溶鹼：把氫氧化鈉加入水中，輕輕攪拌至氫氧化鈉完全溶解。溶好的鹼水靜置5~10分鐘，待變成透明狀後，再進行降溫至30度的動作。

02 將油品依序倒入鍋中。

03 當鹼水降溫到30度後，緩慢地倒入鍋中與油品混合。

04 攪拌到稀度濃稠時，可加入冷壓覆盆莓籽油攪拌均勻。

05 攪拌到中度濃稠時，加入陳皮粉和茯苓粉攪拌均勻，再加入精油。

06 取150g皂液，加入粉紅礦物粉攪拌均勻後加入部分精油，裝入擠壓瓶中。

07 再取150g皂液，加入可可粉攪拌均勻後加入部分精油，裝入擠壓瓶中。

接下頁 ⟶

08　將鍋中原皂液裝入擠壓瓶中。

09　製作第一層：先擠出原皂液一圈一圈，第一圈與第二圈要有間隔分開。
　　粉紅皂液擠在原皂液的上面，不要超過原皂液。可可皂液擠在粉紅皂液
　　的上面，不要超過粉紅皂液。

10　在擠第二層時，要與第一層的圈圈分別開來，不要重複擠在一起。

11　重複以上的動作，將皂液擠完。

12　放入保溫箱保溫。

藥材說明

🌿 茯苓

味甘、淡、性平，入藥具有利水滲濕、益脾和胃和寧心安神之用。古人稱茯苓為「四時神藥」，其功效十分廣泛，能與各種藥物配合。

🌿 陳皮

重要中藥材，亦可以用作烹飪佐料及製作零食。根據《本草綱目》記載，陳皮療嘔噦反胃，時吐清水，痰痞咳瘧，大便閉塞，婦人乳癰。入食料，解魚腥毒。好古曰，橘皮以色紅日久者為佳，故曰紅皮、陳皮。去白者曰橘紅也。

金銀花

清熱解毒、消炎之效。此外，金銀花加水蒸餾可製成金銀花露，可用於解署、止渴及小兒痱子等症狀。

雄黃

有良好的解毒作用。

Chinese Medicinal Soap

雄黃金銀花
滋潤光澤皂

橄欖脂主要有滋潤、抗氧化、細胞再生、修復細紋和皺紋、肌膚龜裂癒合及恢復彈性等作用。在冬天製皂的時候可以加入,讓肌膚在冬天時不會有皮膚龜裂、皮屑問題。

配方 *Material*

油脂

椰子油	**105g**
棕櫚油	**150g**
橄欖脂	**75g**
橄欖油	**170g**
總油重	**500g**

鹼液

氫氧化鈉	**74g**
金銀花水冰塊	**185g**

添加物

雄黃粉	**10g**

精油

茶樹精油	**10c.c.**
洋甘菊精油	**5c.c.**

製皂步驟 *Step*

01 準備一個大鍋,做為下個步驟時溶鹼降溫之用。

02 將量秤好的氫氧化鈉和金銀花水冰塊進行溶鹼:將金銀花水冰塊放入大鍋中,再將氫氧化鈉分 3 ~ 4 次加入冰塊中,輕輕攪拌至氫氧化鈉及冰塊完全溶解。鹼水降溫至 30 度備用。

03 將椰子油、棕櫚油和橄欖脂倒入鍋中,加熱至 50 度,讓橄欖脂全部融化後,才加入橄欖油,油品降溫到 30 度

04 當鹼水降溫到 30 度後,緩慢地倒入鍋中與油品混合。

05 攪拌到稀度濃稠時,可以加入雄黃粉攪拌均勻。

06 攪拌到中度濃稠時,可依序滴入茶樹、洋甘菊精油。

07 入模且放入保溫箱保溫。

─── *POINT* ───

▪▪ 金銀花不論是新鮮或是乾燥的都可以和水一起煮沸,變成金銀花原汁,再入冷凍庫結冰塊。

Chinese Medicinal Soap

生地丹皮
烏髮油亮皂

此款手工皂加入了生地與丹皮這兩種藥材，有助於長出一頭烏黑亮麗的頭髮之外，迷迭香精油有很強的收縮作用，也能改善頭皮屑，刺激毛髮生長。更特別的是，生地及丹皮是用棕櫚油油煎，棕櫚油的顏色會變得稍微深一點，做出來的香皂呈天然的咖啡色。

配方 *Material*

油脂

椰子油	**140g**
棕櫚油（油煎共50g的生地＋丹皮）	**210g**
芒果脂	**150g**
總油重	**500g**

鹼液

氫氧化鈉	**77g**
純水	**200g**

添加物

二氧化鈦	**10g**

精油

癒創木精油	**5c.c.**
羅勒精油	**5c.c.**
迷迭香精油	**10c.c.**

製皂步驟 *Step*

01　將量秤好的氫氧化鈉和水進行溶鹼：把氫氧化鈉加入水中，輕輕攪拌至氫氧化鈉完全溶解。溶好的鹼水請靜置 5 ～ 10 分鐘，待變成透明狀後，再進行降溫至 30 度的動作。

02　將椰子油、油煎藥材後的棕櫚油和芒果脂倒入鍋中，加熱至 50 度，讓芒果脂全部融化後，油品降溫到 30 度。

03　當鹼水降溫到 30 度後，緩慢地倒入鍋中與油品混合。

04　攪拌到稀度濃稠時，可先將皂液 200g 分出來，加入二氧化鈦拌勻。

05　攪拌到中度濃稠時，可依序滴入精油。

06　將原液一部分倒入量杯中，二氧化鈦皂液倒入原色皂液上。

07　倒入模具中，此動作重複做完。

08　放入保溫箱保溫。

POINT

▪▪ 將棕櫚油、生地和丹皮放入陶鍋中，以小火煎至中藥材呈酥脆狀。入皂時，請先過濾掉中藥材。

▪▪ 煎藥材的容器以陶器、砂鍋為首選，不能用鐵鍋。一般來說，煎藥材都是採用「先大火再小火」的方式，以大火煮至沸騰，再轉小火慢慢煎煮，時間約 15 ～ 20 分鐘。還可以依藥材的性質控制火候，像是不易出汁的根莖類藥物，由於煮透不易，需以小火久煎；而易揮發的花葉類藥物，需大火急煎，煎太久容易喪失藥效。

藥材說明

 生地

主治陰虛內熱、虛煩不眠、月經過多等症狀。

丹皮

中醫認為，其性微寒，具涼血、清熱、散瘀之效。

Chinese
Medicinal
Soap

雪燕赤芍
豐澤彈力皂

此款無添加精油配方,用了冷壓橄欖油、月桂果油做出來的香皂,就是天然的綠色。此外,還添加了雪燕,洗起來肌膚更滑嫩Q彈哦!

藥材說明

赤芍

味苦，性微寒，臨床上常用於涼血散瘀、清熱退熱、活血化瘀、消腫止痛。

川芎

據古書記載，其性溫，對心絞痛、冠心病、感冒、頭痛等有改善的作用。

雪燕

富含珍貴營養，除了補水保濕、減脂潤腸之外，還能提高人體免疫力，增強兒童大腦發展等。

配方 *Material*

油脂

冷壓橄欖油	**250g**
月桂果油	**250g**
總油重	**500g**

鹼液

氫氧化鈉	**69g**
純水	**138g**

添加物

煎煮好的中藥材打成泥
（赤芍＋川芎＋雪燕）**100g**

製皂步驟 *Step*

01　將量秤好的氫氧化鈉和水進行溶鹼：把氫氧化鈉加入水中，輕輕攪拌至氫氧化鈉完全溶解。溶好的鹼水請靜置 5 ～ 10 分鐘，待變成透明狀後，再進行降溫至 30 度的動作。

02　將油品依序倒入鍋中。

03　當鹼水降溫到 30 度後，緩慢地倒入鍋中與油品混合。

04　攪拌到稀度濃稠時，放入打成泥的中藥材攪勻。

05　攪拌到中度濃稠時，就可以入模且放入保溫箱保溫。

POINT

- 雪燕要煮前，記得要用水泡軟哦！
- 此款皂都是軟油，建議 3 ～ 4 天之後再脫膜，皂體才不會過軟。

PART 7

一瓶到底
液態皂 &
液態鈉皂

LIQUID SOAP

　　液態皂製作很簡單，成功率可以說是100%。如果想要增加自信心的話，建議新手可以先認識液態皂後，再認識冷製皂。在觀念上，也不會因冷製皂的想法，而把熱製皂想成是不好洗、不好用的皂。

　　製作完成的液態皂稱之「皂種」，會呈現固態狀。依個人需求再加入水和精油稀釋，就會變成琥珀色的液態皂，裝瓶就能使用了！

natura®

Hand
made
Soap

MON
SALON

Nous voudrions être
toujours à côté de vous et
aider à vous embellir.

13.5 fl.oz. / 400ml

液態皂基本製作流程

液態皂屬於熱製皂的一種，在製作過程中溫度約在 80 ～ 90 度。
在製作前，先了解液態皂的計算方式、哪些油品可以製作液態皂？
以及在配方上有什麼注意事項。

1 / 不皂化物的比例

　　所謂的不皂化物，指的是油脂皂化後，其中尚有一些物質如固醇、高分子醇、碳氫化合物、色素和脂溶性維生素等不溶於水而溶於有機溶劑中，這些物質統稱為不皂化物，油脂中的不皂化物含量應限制在一定範圍。不皂化物含量越高，油脂品質越差。

　　如果變成香皂的比例不高，就代表有不皂化物含量太高的油品存在，在稀釋後的液態皂中，會分離成兩層，一層是透明的皂化物，另一層是不透明的皂化物。不皂化物會起泡，但不具有任何的清潔力，**所以在搭配比例上用量要非常注意，使用不皂化物含量高的油品時，盡量讓用量不要超過總油量的 5％，或是不加入都可。**

TIPS ✚ 不皂化物含量高的油品：
棕櫚油、白棕櫚油、乳油木果脂、天然蜜蠟、黃金荷荷芭油、白油。

2 / 氫氧化鉀（KOH）的用量與計算

　　每個油品的皂化價都不同，而皂化價代表的是皂化每 1 公克油脂所需的鹼質克數。這時需要看氫氧化鉀的皂化價來計算。氫氧化鉀與水結合調配後，稱為「鉀水」。

舉例說明：

配方為椰子油 200g、蓖麻油 100g、橄欖油 200g

查表的皂化價為椰子油 0.266、蓖麻油 0.18004、橄欖油 0.1876

所需的氫氧化鉀為：

$200 \times 0.266 + 100 \times 0.18004 + 200 \times 0.1876 = 108.72$（可四捨五入）

3 / 水的用量

　　製作液態皂要計算兩種水量，一種溶解氫氧化鉀所需要的水量，另一種是溶解皂種所需要的水量。

溶解氫氧化鉀所需的水量為 3 倍

氫氧化鉀算出來後再乘上 3 倍

溶解皂種所需的水量＝總油量 ×1 ～ 2 倍

假設：總油量 500g×1 ～ 2 倍

4 / 稀釋皂種用的液體

一般我們都會用純水去做稀釋，
如果想要增加自然淡淡的香氣，可以
選擇用純露（自製純露參考 P.34-P.35）
來稀釋。也可以用中藥材稀釋，但需
要煎煮後再做稀釋。至於花草水的話，
也要煮沸後再進行稀釋動作。

5 / 精油或香精油

稀釋完後，可以加入自己想要的精油就完成！

每款精油都有特殊的香味及獨特的功效，精油的份量約在總油量的 2 ～
3％，不要過度添加，否則會傷害肌膚。

6 ╱ 增稠

　　此動作不一定要做，主要看自己對稀釋後的液態皂習不習慣使用。一般來說，很多人無法接受稀釋完的液態皂是水水的而不是稠稠的，怎麼和市面上賣的沐浴乳差這麼多呢？

　　接著，教各位四種增稠的方式：

一、天然的增稠劑——飽和鹽水：

　　煮沸一鍋水，倒入鹽巴，一直攪拌到鹽巴無法溶解時，就是所謂的「飽和鹽水」。

　　液態皂大約加入 20％ 的飽和鹽水，就可以達到理想的稠度。

　　舉例：500ml 的液態皂，大約加 100ml 的飽和鹽水就可以（但還是可以依照個人需求來增減用量）！

二、三仙膠：

　　屬於一種食品增稠劑，不受溫度、強酸強鹼或電解質的影響，可作為稠化劑或是為乳化劑，使用量約在 0.5 ～ 1％。

三、乙基籤維素：

　　具有黏合、填充、成膜等功用。使用量約在 0.5％。

四、硼砂：

　　用途相當廣泛。將稀釋好的液體皂加入硼砂溶液（33％），可增稠。比例約為 1000ml 的液體皂加入 50ml 的硼砂溶液，觀察稠度，若要加強稠度，可以每次以 15ml 分次加入，達到理想稠度即可。

MON
SALON

Nous voudrions être
toujours à côté de vous et
aider à vous embellir.

13.5 fl.oz. / 400ml

潔白椰油皂

100% 的椰子油製作出來的液態皂,泡沫細緻又好洗,洗淨力完全不會輸給冷製皂哦!

配方 *Material*

油脂

椰子油	**500g**
總油重	**500g**

鉀水

氫氧化鉀	**133g**
純水	**466g**

溶解皂種所需要的水量

純水	**1 倍**

精油

尤加利精油	**10g**
山雞椒精油	**10g**

製皂步驟 *Step*

01 油品倒入鍋中,升溫到 80 度備用。

02 將量秤好的氫氧化鉀和純水進行溶鉀水:把氫氧化鉀分 3 ~ 4 次慢慢加入水中,這時氫氧化鉀會產生較大的氣泡,請小心自身安全,輕輕攪拌至氫氧化鉀完全溶解。溶解好的鉀水不要降溫。

接下頁→

03　準備好油品及鉀水，鉀水慢慢的倒入鍋中與油品一起混合，攪拌均勻。

TIPS　✚ 可以用電動攪拌棒輔助一起使用。

04　皂液攪拌到 5 分鐘時，會開始變得混濁、有氣泡產生，這是正常現象。

05　攪拌到 10 ~ 20 分鐘時，過程中因高溫會有些少許煙霧，都是正常現象。

06　30 分鐘後，皂液會明顯呈現白色綿密的乳霜狀，這時的反應會非常的快速，接著還是要不停繼續攪拌。

07　40 分鐘後，皂液會愈來愈濃稠，愈來愈攪不動，直到攪拌到像麥芽糖的時候就可以停止。

08　用保鮮膜將鍋子密封，保溫。

接下頁→

09　等待兩週後，製作好的皂種就會完全變成透明狀。此時皂種如果沒有完全變透明狀（代表皂種未皂化完全），請將整鍋拿進電鍋蒸兩次，皂種就會變透明了。

10　做好的皂種，可依照個人需求量就稀釋多少量。將皂種撕成小塊狀，倒入熱水稀釋。

11　完全稀釋好後，可以滴入精油，裝瓶使用。

── *POINT* ──

‣‣ 有做好充足保溫動作的話，皂種在兩週後一定會皂化完成，變成透明狀。

‣‣ 在溶解氫氧化鉀時，要特別注意氫氧化鉀遇水後會產生大量的氣泡及煙霧，一定要做好自我防護動作。

‣‣ 如果要增稠，在稀釋完之後就可以做增稠的動作（參考 P.129）。

Liquid Soap

清透潤滑皂

如果頭皮容易出油或是長痘痘，可以試試這款液態皂，一瓶從頭一直洗到身體，頭髮洗完後會有蓬鬆感，連洗臉也不會有緊繃感！

配方 *Material*

油脂

椰子油	125g
橄欖油	135g
蓖麻油	190g
椿油	50g
總油重	500g

鉀水

氫氧化鉀	102g
純水	357g

溶解皂種所需要的水量

薰衣草純露	1 倍

精油

薰衣草精油	10g
快樂鼠尾草精油	10g
羅勒精油	5g

製皂步驟 *Step*

01　油品倒入鍋中，升溫到 80 度備用。

02　請量秤好的氫氧化鉀和純水進行溶鉀水：把氫氧化鉀分 3 ~ 4 次慢慢加入水中（這時氫氧化鉀會產生較大的氣泡，請小心自身安全），輕輕攪拌至氫氧化鉀完全溶解。溶解好的鉀水不要降溫。

03　準備好油品及鉀水，鉀水慢慢的倒入鍋中與油品一起混合，攪拌均勻（可以用電動攪拌棒輔助一起使用）。

04　皂液攪拌到 5 分鐘時，會開始變得混濁、有氣泡產生，這是正常現象。

05　攪拌到 10 ~ 20 分鐘時，過程中因高溫會有些少許煙霧，都是正常現象。

06　30 分鐘後，皂液會明顯呈現白色綿密的乳霜狀，這時的反應會非常的快速，接著還是要不停繼續攪拌。

07　40 分鐘後，皂液會愈來愈濃稠，愈來愈攪不動，直到攪拌到像麥芽糖的時候就可以停止。

接下頁➞

08 用保鮮膜將鍋子密封，保溫。

09 等待兩週後，製作好的皂種就會完全變成透明狀。此時皂種如果沒有完全變透明狀（代表皂種未皂化完全），請將整鍋拿進電鍋蒸兩次，皂種就會變透明了。

10 做好的皂種，可依照個人需用量就稀釋多少量。將皂種撕成小塊狀，倒入熱水稀釋。

11 完全稀釋好後，可以滴入精油，裝瓶使用。

Liquid Soap

修復乾癬皂

乾癬是相當擾人的，此款液態皂加入深層滋養的酪梨油，
可提升肌膚保濕力之外，也能讓肌膚得到充分的營養。

配方 *Material*

油脂

椰子油	**125g**
橄欖油	**160g**
酪梨油	**215g**
總油重	**500g**

鉀水

氫氧化鉀	**103g**
純水	**361g**

溶解皂種所需要的水量

洋甘菊純露	**1 倍**

精油

橙花精油	**10g**
雲杉精油	**10g**
檸檬精油	**5g**

製皂步驟 *Step*

01 油品倒入鍋中，升溫到 80 度備用。

02 請量秤好的氫氧化鉀和純水進行溶鉀水：把氫氧化鉀分 3 ~ 4 次慢慢加入水中（這時氫氧化鉀會產生較大的氣泡，請小心自身安全），輕輕攪拌至氫氧化鉀完全溶解。溶解好的鉀水不要降溫。

03 準備好油品及鉀水，鉀水慢慢的倒入鍋中與油品一起混合，攪拌均勻（可以用電動攪拌棒輔助一起使用）。

04 皂液攪拌到 5 分鐘時，會開始變得混濁、有氣泡產生，這是正常現象。

05 攪拌到 10 ~ 20 分鐘時，過程中因高溫會有些少許煙霧，都是正常現象。

06 30 分鐘後，皂液會明顯呈現白色綿密的乳霜狀，這時的反應會非常的快速，接著還是要不停繼續攪拌。

07 40 分鐘後，皂液會愈來愈濃稠，愈來愈攪不動，直到攪拌到像麥芽糖的時候就可以停止。

08 用保鮮膜將鍋子密封，保溫。

09 等待兩週後，製作好的皂種就會完全變成透明狀。此時皂種如果沒有完全變透明狀（代表皂種未皂化完全），請將整鍋拿進電鍋蒸兩次，皂種就會變透明了。

10　做好的皂種，可依照個人需求量就稀釋多少量。將皂種撕成小塊狀，倒入熱水稀釋。

11　完全稀釋好後，可以滴入精油，裝瓶使用。

Liquid Soap

溫和細緻皂

在稀釋時，用了甘草、菊花中藥材煎煮的水來做稀釋，所以會有淡淡的中藥味，不會與精油香味互相影響。

配方 *Material*

🌢油脂

椰子油	**125g**
甜杏仁油	**125g**
蓖麻油	**250g**
總油重	**500g**

🧪鉀水

氫氧化鉀	**102g**
純水	**357g**

💧溶解皂種所需要的水量

甘草和菊花煮成水	**1 倍**

🖊精油

洋甘菊精油	**10g**
血橙精油	**10g**
雪松精油	**10g**

製皂步驟 *Step*

01 油品倒入鍋中，升溫到 80 度備用。

02 請量秤好的氫氧化鉀和純水進行溶鉀水：把氫氧化鉀分 3 ~ 4 次慢慢加入水中（這時氫氧化鉀會產生較大的氣泡，請小心自身安全），輕輕攪拌至氫氧化鉀完全溶解。溶解好的鉀水不要降溫。

03 準備好油品及鉀水，鉀水慢慢的倒入鍋中與油品一起混合，攪拌均勻（可以用電動攪拌棒輔助一起使用）。

04 皂液攪拌到 5 分鐘時，會開始變得混濁、有氣泡產生，這是正常現象。

05 攪拌到 10 ~ 20 分鐘時，過程中因高溫會有些少許煙霧，都是正常現象。

06 30 分鐘後，皂液會明顯呈現白色綿密的乳霜狀，這時的反應會非常的快速，接著還是要不停繼續攪拌。

07 40 分鐘後，皂液會愈來愈濃稠，愈來愈攪不動，直到攪拌到像麥芽糖的時候就可以停止。

接下頁 →

08 用保鮮膜將鍋子密封，保溫。

09 等待兩週後，製作好的皂種就會完全變成透明狀。此時皂種如果沒有完全變透明狀（代表皂種未皂化完全），請將整鍋拿進電鍋蒸兩次，皂種就會變透明了。

10 做好的皂種，可依照個人需求量就稀釋多少量。將皂種撕成小塊狀，倒入熱水稀釋。

11 完全稀釋好後，可以滴入精油，裝瓶使用。

修護毛躁洗髮皂

有頭髮毛躁、不具光澤的煩惱嗎？這款液態皂可是添加花梨木精油，可以修復毛躁，讓頭髮變得超柔順的！快來改善稻草頭吧！

配方 *Material*

💧 油脂

椰子油	**250g**
椿油	**150g**
蓖麻油	**65g**
荷荷芭油	**35g**
總油重	**500g**

🧱 鉀水

氫氧化鉀	**110g**
純水	**385g**

✨ 溶解皂種所需要的水量

薰衣草純露	**1倍**

🖊 精油

綠花白千層精油	**10g**
花梨木精油	**10g**
伊蘭伊蘭精油	**10g**

製皂步驟 *Step*

01 油品倒入鍋中，升溫到 80 度備用。

02 請量秤好的氫氧化鉀和純水進行溶鉀水：把氫氧化鉀分 3～4 次慢慢加入水中（這時氫氧化鉀會產生較大的氣泡，請小心自身安全），輕輕攪拌至氫氧化鉀完全溶解。溶解好的鉀水不要降溫。

03 準備好油品及鉀水，鉀水慢慢的倒入鍋中與油品一起混合，攪拌均勻（可以用電動攪拌棒輔助一起使用）。

04 皂液攪拌到 5 分鐘時，會開始變得混濁、有氣泡產生，這是正常現象。

05 攪拌到 10～20 分鐘時，過程中因高溫會有些少許煙霧，都是正常現象。

06 30 分鐘後，皂液會明顯呈現白色綿密的乳霜狀，這時的反應會非常的快速，接著還是要不停繼續攪拌。

07 40 分鐘後，皂液會愈來愈濃稠，愈來愈攪不動，直到攪拌到像麥芽糖的時候就可以停止。

08 用保鮮膜將鍋子密封，保溫。

09 等待兩週後，製作好的皂種就會完全變成透明狀。此時皂種如果沒有完全變透明狀（代表皂種未皂化完全），請將整鍋拿進電鍋蒸兩次，皂種就會變透明了。

10　做好的皂種，可依照個人需求量就稀釋多少量。將皂種撕成小塊狀，倒
　　入熱水稀釋。

11　完全稀釋好後，可以滴入精油，裝瓶使用。

液態鈉皂基本製作流程

近幾年，「液態鈉皂」變得很夯，其實很早就有人在製作了！液態鈉皂的變化性很多，可以玩出不同的樂趣！

1 ╱ 液態鈉皂的計算方式

如同製作冷製皂的算法是一樣的。（參考 P.24）

2 ╱ 水的用量

製作液態皂要計算兩種水量，一種是溶解氫氧化鈉所需要的水量，另一種是溶解皂種所需要的水量。

溶解氫氧化鈉所需的水量為 2.5 倍
氫氧化鈉算出來後再乘上 2.5 倍
溶解皂種所需的水量＝總油量 ×1 ～ 2 倍
假設：總油量 500g×1 ～ 2 倍

3 / 稀釋皂種用的液體

一般我們都會用純水去做稀釋，如果想要增加自然淡淡的香氣，可以選擇用純露（自製純露參考 P.34 － P.35）來稀釋。也可以用中藥材稀釋，但需要煎煮後再做稀釋。至於花草水的話，也要煮沸後再進行稀釋動作。

4 / 精油或香精油

稀釋完後，就可以加入自己想要的精油。每款精油都有特殊的香味及獨特的功效，精油的份量約在總油量的 2 ～ 3 ％，不要過度添加，否則會傷害肌膚。

5 / 調色

請用耐鹼性的水性原料調色。

Liquid Soap

養顏美膚皂

此款液態鈉皂是利用自然課的分層理論，把顏色明顯地做出分層，令大家為之驚艷，原來液態皂也可以做出不一樣的變化。

配方 *Material*

💧油 脂

椰子油	**125g**
蓖麻油	**250g**
甜杏仁油	**125g**
總油重	**500g**

🧪鹼 水

氫氧化鈉	**73g**
純水	**256g**

⋰溶劑

甘油	**95g**
酒精	**185g**

⋰溶解皂種所需要的水量

玫瑰純露	**1倍**

🖊添 加 物

果糖	**30g**
耐鹼的水性原料 **1 ～ 2 滴**	

🖊精 油

雲杉精油	**10g**
天竺葵精油	**10g**

製皂步驟 *Step*

01　將量秤好的氫氧化鈉和水溶鹼：把水慢慢倒入氫氧化鈉中，並用溫度計輕輕攪拌至氫氧化鈉溶於水中。倒入的過程中，會有少許煙霧產生，為避免吸入，請戴上口罩，並去戶外空曠處調製，等鹼水降溫至 60 度。

02　將三種油品依序倒入鍋中，升溫到 60 度。

接下頁➞

03 當鹼水 60 度、油溫 60 度時就可以開始混合攪拌，攪拌到非常濃稠的程度。

04 將濃稠的皂液以燉鍋熱煮，溫度約 70 ～ 80 度。

05 在皂液熱煮的同時，先將酒精與甘油混合為一杯。

06　確定皂液已煮成皂糊後（請離開瓦斯），將酒精與甘油那杯倒入鍋中，
　　這時皂糊會瞬間變成水狀。

07　皂液再熱煮 30 分鐘，溫度維持在 70 ～ 80 度，即完成皂種。

08　做好的皂種和水稀釋的比例是 1：1，請先將皂種與水稀釋完成。

09　稀釋好的皂液，可先加入精油做調味。接著先取 30g 倒入小鋼杯或玻璃
　　量杯後，倒入果糖 15g，再加入藍色色液攪拌均勻。

接下頁➞

10 準備一個壓瓶，把剛調好的那杯倒入瓶子，靜置。

11 接著倒入 30g 皂液到小鋼杯或玻璃量杯後，倒入果糖 10g，再加入紅色色液攪拌均勻。倒入瓶子時，請用竹筷子輔助慢慢將皂液倒入，這時就會呈現出第二層顏色，靜置。

12 再倒入 30g 皂液到小鋼杯或玻璃量杯後，倒入果糖 5g，再加入黃色色液
    攪拌均勻。倒入瓶子時，請用竹筷子輔助慢慢將皂液倒入，這時就會呈
    現出第三層顏色，靜置。

13 最後倒入 30g 皂液到小鋼杯或玻璃量杯後，再加入藍色和紅色色液拌勻
    成紫色。倒入瓶子時，請用竹筷子輔助慢慢將皂液倒入，這時就會呈現
    出第四層顏色，靜置完成。

煥膚光澤皂

橙花精油的味道香甜，沐浴時有它在可以消除疲累，緩解肌肉抽筋，對皮膚有回春的功效，再加上還有美麗的分層液態皂的視覺效果，肯定會非常舒服。

配方 *Material*

◌油 脂

椰子油	**125g**
蓖麻油	**175g**
芝麻油	**100g**
榛果油	**100g**
總油重	**500g**

◻鹼 水

氫氧化鈉	**73g**
純水	**256g**

⠶溶劑

甘油	**95g**
酒精	**185g**
砂糖	**115g**
溶砂糖的水量	**82g**

⠶溶解皂種所需要的水量

橙花純露	**1 倍**

✎精 油

檜木精油	**5g**
橙花精油	**10g**

製皂步驟 *Step*

01 將量秤好的氫氧化鈉和水進行溶鹼：把水慢慢倒入氫氧化鈉中，並用溫度計輕輕攪拌至氫氧化鈉溶於水中。倒入的過程中，會有少許煙霧產生，為避免吸入，請戴上口罩，並去戶外空曠處調製，等鹼水降溫至 60 度。

02 將四種油品依序倒入鍋中，升溫到 60 度

03 當鹼水 60 度、油溫 60 度時就可以開始混合攪拌，攪拌到非常濃稠的程度。

04 將濃稠的皂液以燉鍋熱煮，溫度約 70 ～ 80 度。

05 在皂液熱煮的同時，先將酒精與甘油混合為一杯。

06 確定皂液已煮成皂糊後（請離開瓦斯），將酒精與甘油那杯倒入鍋中，這時皂糊會瞬間變成水狀。

07 皂液再熱煮 30 分鐘後（溫度維持在 70 ～ 80 度），即完成皂種。

08 先將糖和水煮沸融化備用。

09 皂液熱煮好後取出，把糖水加進去，即可入模。

10 做好的皂種和水稀釋的比例是 1：1，請先將皂種與水稀釋完成。

11 稀釋好的皂液，就可以加入精油做調味。

12 將稀釋好的皂液，選個喜愛的瓶子，就可以倒入使用。

受損安撫洗髮皂

Liquid Soap

添加了何首烏配方，可以促進頭髮黑色素的生成以及幫助頭皮、營養髮根，對頭油、頭皮屑、髮質受損都有改善的作用！

配方 *Material*

🧴 油脂

椰子油	75g
蓖麻油	150g
苦茶油	125g
椿油	125g
荷荷芭油	25g
總油重	500g

🧪 鹼水

氫氧化鈉	69g
純水	242g

⚫ 溶劑

甘油	95g
酒精	185g

⚫ 溶解皂種所需要的水量

何首烏水	1 倍

🖌 精油

安息香精油	10g
薰衣草精油	10g

製皂步驟 *Step*

01　將量秤好的氫氧化鈉和水進行溶鹼：把水慢慢倒入氫氧化鈉中，並用溫度計輕輕攪拌至氫氧化鈉溶於水中。倒入的過程中，會有少許煙霧產生，為避免吸入，請戴上口罩，並去戶外空曠處調製，等鹼水降溫至 60 度。

02　將五種油品依序倒入鍋中，升溫到 60 度

03　鹼水 60 度、油溫 60 度就可以混合開始攪拌，攪拌到非常濃稠的程度。

04　將濃稠的皂液以燉鍋熱煮，溫度約 70 ～ 80 度。

05　在皂液熱煮的同時，先將酒精與甘油混合為一杯。

06　確定皂液已煮成皂糊後（請離開瓦斯），將酒精與甘油那杯倒入鍋中，這時皂糊會瞬間變成水狀。

07　皂液再熱煮 30 分鐘後（溫度維持在 70 ～ 80 度），即完成皂種。

08　做好的皂種和何首烏水稀釋的比例是 1：1，請先將皂種與水稀釋完成後就可以加入自己喜愛的精油或香精。

快查表：常用植物性油脂的皂化價與 INS 值

油的特徵分類	油脂		溶點	皂化價		建議用量	INS值
	中文名	英文名		氫氧化鈉	氫氧化鉀		
可促進起泡的油	椰子油	Coconut Oil	20～28	0.19	0.266	15～35%	258
	棕櫚核油	Palm Kernel Oil	25～30	0.156	0.2184	15～35%	183
不易融化變形的硬肥皂	棕櫚油	Palm Oil	27～50	0.141	0.1974	10～60%	145
	紅棕櫚油	Red Palm Oil	27～50	0.141	0.1974	10～60%	145
不易融化變形的硬肥皂，並能在肌膚上形成保護膜	可可脂	Cocoa Butter	32～39	0.137	0.1918	5～10%	157
	芒果油	Mango Oil		0.128	0.1792	5～10%	120
	芒果脂	Mango Butter		0.1371	0.19194	5～10%	146
	乳油木果脂	Shea Butter	23～45	0.128	0.1792	5～10%	116
	乳油木果油	Shea Oil		0.135	0.19	5～10%	107
有保濕力肥皂的油	甜杏仁油	Sweet Almond Oil	-10～-21	0.136	0.1904	15～30%	97
	杏桃核油	Apricot Kernel Oil	-4～-22	0.135	0.189	15～30%	91
	酪梨油	Avocado Oil		0.133	0.1862	10～30%	99
	酪梨脂	Avocado Butter		0.1339	0.18746	10～30%	120
	椿油	Camellia Oil	-15～-20	0.1362	0.19068	可 100%使用	108
	蓖麻油	Castor Oil	-10～-13	0.1286	0.18004	5～20%	95
	榛果油	Hazelnut Oil		0.1356	0.18984	15～30%	94
	澳洲胡桃油	Macadamia Oil		0.139	0.1946	15～30%	119
	橄欖油	Olive Oil	0～6	0.134	0.1876	可 100%使用	109
	花生油	Peanut Oil	3～0	0.136	0.1904	10～20%	99
	苦茶油	Oiltea Camellia Oil		0.136	0.1904	可 100%使用	108
	荷荷芭油	Jojoba Oil		0.069	0.0966	7～8%	11
用於護膚用品的動物性臘及油脂	蜂蠟、蜜蠟	Beeswax	61～66	0.069	0.0966	6%以下	84
	羊毛脂	Lanolin		0.0741	0.10374	4%～superfatting	83
其餘油品	白油	Shortening		0.136	0.1904	10～20%	115
	巴西核果油	Babassu Oil		0.175	0.245		230
	大麻籽油	Hemp Seed Oil		0.1345	0.1883	5%～superfatting	39
	苦楝油	Neem Oil		0.1387	0.19418		124
	開心果油	Pistachio Nut Oil		0.1328	0.18592		92
	南瓜籽油	Pumpkin Seed Oil		0.1331	0.18634		67